高等院校
通识教育系列教材

实用数学建模

案例详解版

鄢化彪 黄绿娥 ◎ 主编

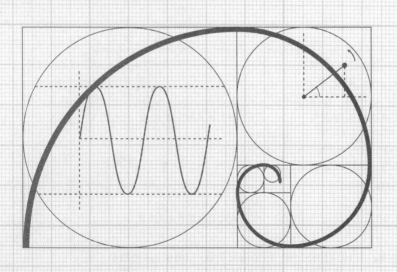

MATHEMATICAL MODELING

人民邮电出版社

北 京

图书在版编目（CIP）数据

实用数学建模：案例详解版 / 鄢化彪，黄绿娥主编
. -- 北京：人民邮电出版社，2023.3
高等院校通识教育系列教材
ISBN 978-7-115-61159-8

Ⅰ．①实… Ⅱ．①鄢… ②黄… Ⅲ．①数学模型－高
等学校－教材 Ⅳ．①O141.4

中国国家版本馆CIP数据核字(2023)第024074号

内 容 提 要

本书按照工科学生数学建模能力培养要求编写，以巩固学生数学基础知识、培养学生专业复杂问题分析能力、增强学生计算软件应用能力、提高学生科技论文写作能力，以及训练学生的实践能力和创新能力为目的，通过基础知识讲解、基本技能训练和应用创新实践等环节深入浅出地介绍了专业学科领域里的数学建模基础知识、相关计算软件的使用方法、复杂问题的研究方法和科技论文写作等内容.

全书共5章：第1章数学建模概述、第2章数学规划模型及应用、第3章微分方程模型及应用、第4章统计模型及应用和第5章科技论文写作. 本书以理论、技能和创新为主线，提供了完整的案例分析，切实帮助工科专业学生系统地掌握常用数学建模方法，提升问题分析和表达能力.

本书适合高等院校工科专业，特别是机电信息类专业的本科生，用作数学建模课程的教材，尤其适合用作数学建模竞赛的参考书，也可用作数学建模爱好者的自学读物. 相信读者只要认真、勤奋地实践书中的内容，就能体会到数学建模带来的一次又一次成就感，最终享受到数学应用于解决实际问题的乐趣.

◆ 主　　编　鄢化彪　黄绿娥
　　责任编辑　刘　定
　　责任印制　王　郁　焦志炜

◆ 人民邮电出版社出版发行　　北京市丰台区成寿寺路 11 号
　　邮编　100164　　电子邮件　315@ptpress.com.cn
　　网址　https://www.ptpress.com.cn
　　北京隆昌伟业印刷有限公司印刷

◆ 开本：787×1092　1/16
　　印张：13.25　　　　　　　2023 年 3 月第 1 版
　　字数：338 千字　　　　　2024 年 12 月北京第 4 次印刷

定价：49.80 元

读者服务热线：(010)81055256　印装质量热线：(010)81055316
反盗版热线：(010)81055315
广告经营许可证：京东市监广登字 20170147 号

《普通高等学校本科专业类教学质量国家标准》明确指出，工科专业人才需要扎实的数学和自然科学知识基础.《工程教育认证标准》要求毕业生具有应用数学知识分析问题、通过建立数学模型研究问题、使用现代工具设计解决方案和终身学习等能力. 学会用数学解决专业问题是工科专业人才的基石."数学建模"是围绕实际问题求解全过程的开放性课程，本书从巩固学生的数学基础知识、培养学生使用现代工具解决实际问题的能力和培养学生创新能力等方面入手，深入浅出地将专业复杂问题求解过程展现给学生，通俗易懂.

本书围绕培养工科专业学生的数学应用能力、计算机辅助应用能力和科技论文写作能力等方面来编写，全书内容编排如下.

第 1 章概述数学建模. 数学建模课程和数学建模竞赛是培养工科学生数学建模能力的抓手，本章从培养数学建模能力的角度帮助学生明确了学习数学建模的目标，并初步介绍数学模型的概念和数学建模的过程和一般步骤，从而阐述了如何学好数学建模.

第 2 章至第 4 章对具体的数学模型在工科专业的应用进行案例详解. 其中，第 2 章介绍数学规划模型及应用，内容包括数学规划模型及分类、LINGO 在求解数学规划模型中的应用、MATLAB 数学规划工具箱的应用，以及电子导航与道路决策、家庭安全用电策略与优化两个实践创新案例. 第 3 章介绍微分方程模型及应用，内容包括微分方程模型概述、使用 MATLAB 计算微积分与微分方程、MATLAB 偏微分方程工具箱的应用，以及汽车减振器的工作原理与性能分析、电力输送过程与故障分析两个案例. 第 4 章介绍统计模型及应用，内容包括统计模型概述、SPSS 在求解统计模型中的应用、MATLAB 统计工具箱的应用，以及风电功率预测、电力系统负荷预报两个实践创新案例.

第 5 章主要介绍科技论文写作，内容包括科技论文概述、中文科技论文写作方法、数学建模竞赛论文写作方法，以及两篇典型数学建模竞赛论文写作范例.

本书在编写过程中遵循"知识、技能、创新"的原则，每章内容循序渐进，针对专业、复杂的问题，既介绍了相关数学模型的基础知识，又介绍了如何使用计算机软件进行计算求解，最后通过具体案例对学生的实践能力和创新能力进行综合训练.

本书具有以下两个特点.

(1)本书是工科专业的基础通识教材. 低年级工科学生刚刚学完部分数学课程，即将进入专业课程的学习，本书可以在数学课程与专业课程之间起到"桥梁"作用，引导学生将所学知识融会贯通.

（2）本书内容由浅入深，有助于初学者快速掌握常用的数学模型，学以致用，大大提高学习兴趣.

本书第 1 章、第 2 章由鄢化彪编写，第 3 章由熊小峰编写，第 4 章由张师贤编写，第 5 章由黄绿娥编写，参与编写的人员还有钟建环、刘泉、徐方奇、刘词波、林初欣、陈祥林、徐炜宾、胡超等，全书由鄢化彪统稿. 由于编者水平所限，书中难免存在不足之处，欢迎读者批评指正.

编者
2022 年 10 月

目录 CONTENTS

5 第5章 科技论文写作

1

第 1 章
数学建模概述

1.1　数学建模课程和数学建模竞赛

20 世纪中期以来，随着计算机技术的发展，数学不仅在工程技术和自然科学等领域发挥越来越大的作用，而且渗透到经济、金融、医学、环境、地质、人口和交通等新的领域. 数学建模课程进入大学课堂是科技发展和社会进步的必然趋势，也是数学教学改革的产物. 全国大学生数学建模竞赛秘书长、清华大学教授谢金星在《数学建模课程三十年：回顾与思考》一文中指出，数学建模课程的发展经历了三个阶段：创立与起步阶段、成长与推广阶段和普及与深化阶段. 20 世纪 60—70 年代，西方发达国家的一些学者和教授在认识到数学建模对科技发展和社会进步的巨大促进作用，以及数学建模能力的培养能够提升学生解决实际问题的综合能力后，推动数学建模进入了大学课堂.

我国学者在改革开放的发展过程中洞察到数学建模和与之相伴的科学计算之间不可或缺的桥梁关系，纷纷呼吁国内高校开设数学建模课程. 1982 年，清华大学萧树铁教授在教育部直属12 所工科院校应用数学协作组会议上建议尽快为本科生开设数学模型课程. 1982 年秋季，复旦大学俞文教授对数学系首开数学模型课程，1983 年春季，萧树铁教授在清华大学主讲数学模型课程. 20 世纪 90 年代，随着全国大学生数学建模竞赛的诞生和稳健发展，我国高校的数学建模课程得到迅速推广，国内正式开设数学建模课的学校有三四百所. 进入 21 世纪，数学建模课程规模进一步扩大，一些针对不同年级、不同数学基础和不同专业背景学生提供个性化、系列化的数学建模系列课程应运而生，急需特色化教材，本书以此为契机，立足于数字建模课程的专业类及个性化特色.

全国大学生数学建模竞赛创办于 1992 年，是中国工业与应用数学学会主办的面向全国大学生的群众性科技活动，每年一届，旨在激励学生学习数学，提高学生建立数学模型和运用计算机技术解决实际问题的综合能力，鼓励广大学生踊跃参加课外科技活动，开拓知识面，培养创造精神及合作意识，推动大学数学教学体系、教学内容和方法的改革. 该竞赛是全国高校规模最大的基础性学科竞赛，也是世界上规模最大的数学建模竞赛. 1994—2020 年全国大学生数学建模竞赛参赛情况统计如图 1.1 所示. 其他相关的数学类竞赛也如雨后春笋般涌现.

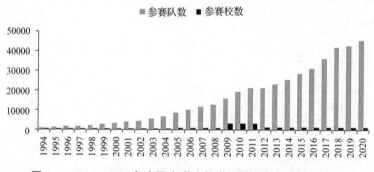

图 1.1　1994—2020 年全国大学生数学建模竞赛参赛情况统计

1.2　培养数学建模能力

工科是应用数学、物理学、化学等基础科学的原理，结合生产实践所积累的技术经验而发展起来的学科，旨在培养在相应的工程领域从事规划、勘探、设计、施工、原材料的选择研究和管理等方面工作的高级工程技术人才.

根据《普通高等学校本科专业类教学质量国家标准》,工科包括力学类、机械类、电气类、电子信息类、自动化类、计算机类等 31 个专业类 164 个本科专业. 2017 年以来,教育部积极推进"新工科"建设. "新工科"专业分为新型工科专业、新生工科专业和新兴工科专业三类. 新型工科专业是针对现有的传统工科专业,面向产业未来发展需要,通过信息化、智能化或其他学科的渗透而转型、改造和升级而形成的,其"新"主要体现在人才培养全过程中的主要环节的改革、变化和发展;新生工科专业和新兴工科专业的设置是为了提前布局、培养引领未来技术和产业发展的人才,在对国家及产业未来需求和发展方向准确把握的基础上,通过科学缜密的可行性分析论证后而形成的.

新时代,高等教育改革进入新阶段,工科专业面临多重机遇与挑战. 教育部发布《普通高等学校本科专业类教学质量国家标准》,给本科人才培养划出质量底线. 卓越工程师培养计划、"新工科"建设的推进,为高校特色化人才培养指明方向.

1.2.1　提升工科专业人才各项基本能力

一、《普通高等学校本科专业类教学质量国家标准》

《普通高等学校本科专业类教学质量国家标准》中,工科各专业的人才培养基本要求的业务方面均提到掌握数学和自然科学的基础理论和基本知识. 以机械类专业为例,其业务方面的人才培养基本要求如下.

(1)具有数学、自然科学和机械工程科学知识的应用能力.

(2)具有制订实验方案、进行实验、分析和解释数据的能力.

(3)具有设计机械系统、部件和过程的能力.

(4)具有对机械工程问题进行系统表达、建立模型、分析求解和论证的能力.

(5)具有在机械工程实践中选择、运用相应技术、资源、现代工程工具和信息技术工具的能力.

(6)具有在多学科团队中发挥作用的能力和人际交流能力.

(7)能够理解、评价机械工程实践对世界和社会的影响,具有可持续发展的意识.

(8)具有终身学习的意识和适应发展的能力.

数学是工科专业的重要基础通识课程. 在掌握数学知识的基础上,结合数据获取、处理和解释能力,对本专业复杂问题进行分析、建模和求解,实现数学知识的工程应用,是对工科专业人才培养的基本要求.

二、《工程教育认证标准》

《工程教育认证标准》要求工科专业学生的毕业要求应完全覆盖以下 12 条内容,凸显了工科专业人才培养中数学和数学应用的重要意义.

(1)工程知识:能够将数学、自然科学、工程基础和专业知识用于解决复杂工程问题.

(2)问题分析:能够应用数学、自然科学和工程科学的基本原理,识别、表达并通过文献研究分析复杂工程问题,以获得有效结论.

(3)设计/开发解决方案:能够设计针对复杂工程问题的解决方案,设计满足特定需求的系统、单元(部件)或工艺流程,并能够在设计环节中体现创新意识,考虑社会、健康、安全、法律、文化以及环境等因素.

(4)研究:能够基于科学原理并采用科学方法对复杂工程问题进行研究,包括设计实验、分析与解释数据，并通过信息综合得到合理有效的结论.

（5）使用现代工具：能够针对复杂工程问题，开发、选择与使用恰当的技术、资源、现代工程工具和信息技术工具，包括对复杂工程问题的预测与模拟，并能够理解其局限性.

（6）工程与社会：能够基于工程相关背景知识进行合理分析，评价专业工程实践和复杂工程问题解决方案对社会、健康、安全、法律以及文化的影响，并理解应承担的责任.

（7）环境和可持续发展：能够理解和评价针对复杂工程问题的工程实践对环境、社会可持续发展的影响.

（8）职业规范：具有人文社会科学素养、社会责任感，能够在工程实践中理解并遵守工程职业道德和规范，履行责任.

（9）个人和团队：能够在多学科背景下的团队中承担个体、团队成员以及负责人的角色.

（10）沟通：能够就复杂工程问题与业界同行及社会公众进行有效沟通和交流，包括撰写报告和设计文稿、陈述发言、清晰表达或回应指令. 并具备一定的国际视野，能够在跨文化背景下进行沟通和交流.

（11）项目管理：理解并掌握工程管理原理与经济决策方法，并能在多学科环境中应用.

（12）终身学习：具有自主学习和终身学习的意识，有不断学习和适应发展的能力.

三、数学建模在人才培养中的作用

数学建模问题一般来源于科学与工程技术、人文与社会科学（含经济和管理）等领域经过适当简化加工的实际问题. 数学建模要求学生利用学过的数学基础知识，通过合理的假设和抽象，建立数学模型，以计算机辅助手段对所建数学模型进行求解，并对求解结果进行分析和检验，数学建模竞赛还要求多位学生合作，并将整个数学建模过程最终撰写成一篇完整的学术论文.

数学建模注重实际问题抽象简化、数学方法应用、计算机手段辅助、结果分析和检验、团结协作、语言和文字表达、自我学习和直面困难等能力. 数学建模能力培养与《工程教育认证标准》毕业要求的对应关系矩阵如表 1.1 所示，《普通高等学校本科专业类教学质量国家标准》中人才培养的部分要求、《工程教育认证标准》中的部分毕业要求与数学建模过程三者之间的关系如图 1.2 所示.

从表 1.1 和图 1.2 可以看出，数学建模能力涵盖了《普通高等学校本科专业类教学质量国家标准》人才培养要求的 6 个方面，涵盖了《工程教育认证标准》毕业要求的 10 个方面. 数学建模是一门综合性较强的课程，在学习过程中可以利用数学知识将数学课程与专业课程有机联系起来，将数学理论与工程知识有机联系起来，通过分析数学模型解决专业课程中实际问题的方法，使数学建模思想贯穿并服务于整个专业课程学习.

表 1.1　数学建模能力培养与《工程教育认证标准》毕业要求的对应关系矩阵

毕业要求	工程知识	问题分析	设计/开发解决方案	研究	使用现代工具
数学建模能力	假设	抽象	数学方法应用	分析和检验	计算机手段辅助
毕业要求	工程与社会	个人和团队	沟通	项目管理	终身学习
数学建模能力	直面困难	团结协作	语言表达	文字表达	自我学习

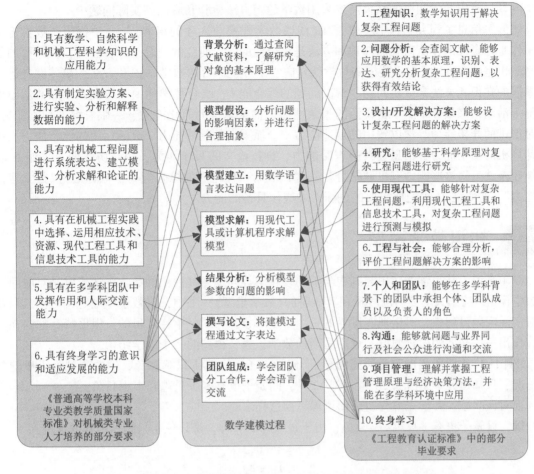

图 1.2　人才培养的部分要求、毕业要求与数学建模过程三者之间的关系

1.2.2　培养解决实际问题的综合能力

　　北京理工大学叶其孝教授在《把数学建模、数学实验的思想和方法融入高等数学课的教学中去》一文中指出，数学建模本身并不是什么新东西，数学建模几乎是一切应用科学的基础。古今中外凡是要用数学来解决的实际问题，几乎都是通过应用数学建模的思想和方法来解决的。20 世纪后半叶，计算机的计算速度和精度以及其他技术飞速发展，给数学建模的发展以极大的推动，人们越来越认识到数学和数学建模的重要性。数学建模和与之相伴的计算方法正在成为工程设计中的关键工具。科学家正日益依赖于计算方法，而且在选择正确的数学模型和计算方法以及解释结果的精度和可靠性方面必须具有足够的经验。因而掌握并应用数学建模的思想和方法是当代大学生应具备的素质。对于绝大多数大学生来说，这种素质最初是通过学习高等数学和数学建模等课程来获得的。

　　河北理工大学杨爱民教授等在《构造性数学思维及其在工程建模能力培养中的应用》一文中指出，工程应用能力是在生产等活动中表现出来并发展起来的各种能力的总和，它是捕捉问题的敏感性、统摄思维活动的能力、转移经验的能力、侧向思维与形象思维的能力、联想的能力、记忆力、思维的灵活性、评价的能力、产生思维的能力、预见的能力、运用语言能力和完成能力组成等的综合合力系统。逻辑思维是数学思维的核心，是创新活动的基础。数学建模是将工程知识与数学思维联系在一起的重要桥梁。任何工程问题都要通过数学建模过程抽象形成数学问题, 对应数学问题的结果需要采用数学建模方法检验和应用到实际问题中.

解放军信息工程大学韩中庚教授在《浅谈数学建模与人才的培养》一文中提出, 数学建模的工作是综合性的, 所需要的知识和方法是综合性的, 所研究的问题是综合性的, 所需要的能力当然也是综合性的. 数学建模的教学就是向学生传授综合的数学知识和方法, 培养综合运用所掌握的知识和方法来分析问题、解决问题的综合能力. 结合数学建模的培训和参加数学建模竞赛等活动, 来培养学生丰富灵活的想象能力、抽象思维的简化能力、一眼看穿的洞察能力、与时俱进的开拓能力、学以致用的创造能力、会抓重点的判断能力、灵活运用的综合能力、使用计算机的动手能力、信息资料的查阅能力、科技论文的写作能力、团结协作的攻关能力等. 数学建模就是将这些能力有机地结合在一起, 形成一种超强的综合能力, 可称之为"数学建模的能力". 这就是 21 世纪所需要的创新人才应该具备的能力.

1.3 初识数学模型

简单来说, 从小学的应用题到中学的物理化学等问题, 其抽象的数学表达式就是对应问题的数学模型. 清华大学姜启源教授在其所著的《数学模型》一书中, 将数学模型定义为: 人们在面对实际问题过程中, 对于现实世界的一个特定对象, 为了一个特定目的, 根据特有的内在规律, 作出一些必要的简化假设, 运用适当的数学工具, 得到的一个数学结构.

■**例 1-1(小学阶段的鸡兔同笼问题)** 假设笼子里有若干只鸡和兔, 但看不到笼子里的具体情况, 只知道笼子里有头 20 个, 脚 42 只, 问笼子里有多少只鸡和多少只兔?

面对该问题, 若学完方程组, 便可像下面这样求解.

解 设笼子里有 x 只鸡、y 只兔, 由于每只鸡 2 只脚, 每只兔 4 只脚, 则有方程组

$$\begin{cases} x + y = 20, \\ 2x + 4y = 42. \end{cases}$$

解该方程组, 得 $x = 19$, $y = 1$. 最后可以回答该问题: 笼子里有 19 只鸡和 1 只兔.

■**例 1-2(中学阶段的定积分应用问题)** 某建筑工程打地基时, 需用汽锤将桩打进土层. 汽锤每次击打桩都将克服土层对桩的阻力而做功. 设土层对桩的阻力大小与桩被打进地下的深度成正比, 比例系数为 $k(k>0)$, 汽锤第 1 次击打将桩打进地下 a 米. 根据设计方案, 要求汽锤每次击打桩时所做的功与前一次击打时所作的功之比为常数 $r(0<r<1)$, 求击打 n 次后可将桩打进地下多深? 若击打次数不限, 汽锤至多能将桩打进地下多深?

解 假设第 n 次击打后桩被打进地下 x_n 米深, 汽锤所作的功为 W_n. 根据题意则有:

汽锤第 1 次击打时, 汽锤所作的功为 $W_1 = \int_0^{x_1} kx\mathrm{d}x = \frac{k}{2}x_1^2 = \frac{k}{2}a^2$,

汽锤第 2 次击打时, 汽锤所作的功为 $W_2 = \int_{x_1}^{x_2} kx\mathrm{d}x = \frac{k}{2}(x_2^2 - x_1^2) = \frac{k}{2}(x_2^2 - a^2)$.

由于汽锤每次击打桩时所作的功与前一次击打时所作的功之比为常数 r, 即

$$W_2 = rW_1 \Rightarrow \frac{k}{2}(x_2^2 - a^2) = r\frac{k}{2}a^2 \Rightarrow x_2^2 = (1 + r)a^2.$$

同理,

$$W_3 = rW_2 = r^2W_1 \Rightarrow x_3^2 = (1 + r + r^2)a^2.$$

因此, 假设 $x_n^2 = a^2 \sum_{i=0}^{n-1} r^i$, 则

$$W_{n+1} = rW_n = r^n W_1 \Rightarrow x_{n+1}^2 - x_n^2 = r^n a^2$$

$$\Rightarrow x_{n+1}^2 = \left(\sum_{i=0}^{n-1} r^i + r^n \right) a^2 = a^2 \sum_{i=0}^{n} r^i.$$

故，第 n 次击打后桩被打进地下的深度 x_n 的表达式为

$$x_n = a \sqrt{\sum_{i=0}^{n} r^i} = a \sqrt{\frac{1 - r^{n+1}}{1 - r}}.$$

当 $n \to +\infty$ 时，

$$\lim_{n \to +\infty} x_n = \lim_{n \to +\infty} a \sqrt{\frac{1 - r^{n+1}}{1 - r}} = \frac{a}{\sqrt{1 - r}}.$$

最后可以回答问题：击打 n 次后可将桩打进地下 $a \sqrt{\dfrac{1 - r^{n+1}}{1 - r}}$ 米深；若击打次数不限，汽锤至多能将桩打进地下 $\dfrac{a}{\sqrt{1 - r}}$ 米深.

从上面两个例题可看出，不管处在哪个学习阶段，解决实际问题的过程都是首先将问题的背景和已知条件弄清楚，再根据问题定义相关的变量（自变量），然后根据已知条件构造并推导数学表达式，这个表达式就是数学模型，对数学表达式进行求解，最后将求解结果用于解释实际问题，这就是数学建模过程.

数学模型可以按照不同的方式进行分类，常用的分类方式有以下几种.

(1) 按模型的应用领域分：工程数学模型、生物数学模型、医学数学模型、地质数学模型、数量经济学模型、数学社会学模型等.

(2) 按模型所使用的数学方法分：初等模型、几何模型、微分方程模型、统计回归模型、数学规划模型等.

(3) 按模型表现特征分：确定性模型和随机性模型、静态模型和动态模型、线性模型和非线性模型、离散模型和连续模型等.

(4) 按建模目的分：描述模型、预报模型、优化模型、决策模型、控制模型等.

(5) 按对模型结构的了解程度分：白箱模型、灰箱模型和黑箱模型.

综合看各类数学模型，它们一般具有逼真性、可行性、渐进性、稳健性、非预制性、条理性、技艺性和局限性等特点.

(1) 模型的逼真性和可行性：一般来说，总是希望模型尽可能逼近所研究对象. 但是一个非常逼真的模型在数学上难以处理，反而不易达到建模的目的，因此需要在模型的逼真性和可行性之间做出折中的抉择.

(2) 模型的渐进性：实际问题的建模过程通常不可能一次成功，要经过一个从简到繁、反复迭代的建模过程，以获得越来越满意的模型.

(3) 模型的稳健性：一个好的模型，当模型假设改变时，可以推导出模型结构的相应变化；当观测数据有微小改变时，模型参数也只有相应的微小变化.

(4) 模型的非预制性：建模需要解决的常是事先没有答案的问题，在建立新的模型的过程中，会伴随着新的数学方法或数学概念产生.

(5) 模型的条理性：从建模的角度考虑问题可以促使人们对现实对象的分析更全面、更深入、更具有条理性.

(6) 模型的技艺性：建模的方法与其他一些数学方法不同，无法归纳出若干条普遍适用的

建模准则和技巧. 经验、想象力、洞察力、判断力等在建模过程中具有重要作用.

(7)模型的局限性：因为模型是现实对象简化、理想化的产物，其结论相对现实问题只是相对和近似的. 由于人们认知能力和科学技术发展水平的限制，还有不少实际问题很难得到有实用价值的数学模型.

1.4　数学建模的过程和一般步骤

数学建模对培养、锻炼学生分析专业复杂问题、建立数学模型、使用计算机软件进行计算求解、对结果进行分析评价和语言文字表达等能力具有重要意义. 那么，如何学好数学建模呢？

数学建模的过程如图 1.3 所示. 数学建模的过程从对现实对象的分析、通过抽象等手段转化为数学问题、运用数学原理与方法建立数学模型、借助计算机辅助计算解答数学模型、对模型结果的实际意义进行分析和检验，最后解答现实对象问题.

数学建模的过程首先从现实对象开始，根据对象的问题进行分析，厘清主要因素和次要因素，分析之间的关联，最终对问题提出合理的假设；在假设的前提下，将现实问题抽象为数学问题. 提出数学问题后，利用几何、代数、方程及微分方程等相关数学知识和方法，物理原理等基本理论，设立自变量，建立对应数学模型. 数学模型的计算比较灵活，不拘泥于手工计算或计算机辅助等手段，各类数学软件、专业软件都可以作为计算的工具，也可以根据数学原理自己设计数值算法，从而得到模型结果. 在求解出模型结果后，需要对结果进行检验，用论据说明结果的可行性和适用性；同时也需要对模型参数的扰动进行分析，评价模型的稳健性和通用性. 当检验通过后，便可将结果用于解答实际对象中的问题，应用到生产生活.

从数学建模的过程可以看出，学生在学习数学建模的过程中，不仅需要数学、物理等自然科学知识，也要学会一些计算机辅助计算手段，要在学习知识的同时，养成全局视野、核心意识、逆向思维和语言文字表达等习惯，学会用类比和自顶向下解决问题的方法解决实际问题.

根据数学建模的过程，数学建模的一般步骤如图 1.4 所示.

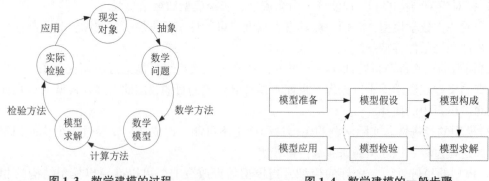

图 1.3　数学建模的过程　　　　图 1.4　数学建模的一般步骤

数学建模的一般步骤可表示为模型准备、模型假设、模型构成、模型求解、模型检验、模型应用等 6 个步骤.

模型准备是建模的起始阶段，当面对一个实际问题时，首先要全面了解问题的背景，学习以往专家学者在相关方面的研究成果，分析比较实际问题与现有研究成果之间的区别与联系，最后提出自己需要解决的问题. 该阶段，需要使用各类文献检索方法，特别是国内外电子文献检索平台的使用. 常用的电子文献数据库有百度学术、万方数据、中国知网、维普数据库、Springer 数据库、NCBIPUBMED 数据库、Sciencedirect 数据库、Web of Science 数据库等.

通过各类数据库平台对文献进行检索时，要学会合理设置关键词，关键词是能查找到高质量文献的关键，关键词的选择要求主要有以下三点.

（1）准确. 表述准确是获得良好搜索结果的必要前提，选择时要避免错别字，避免有歧义的字、词，当需要用简单、通俗关键词时，应添加一些限制性修饰词.

（2）简练. 简练的关键词有利于搜索引擎处理，有助于提高获得相关文献的概率.

（3）具有代表性. 关键词是被查询事物的典型标志，时间、人物、地点等一般可以成为增加关键词代表性的有效限制因素. 选择关键词可采用高频词法、相关搜索法、网页特征法和语法的灵活运用等技巧.

模型假设是构成数学模型的前提. 在综合掌握了问题背景和建模目的后，针对问题特点和建模目的做出一些合理、简化的假设，使建立的数学模型能准确表达问题. 例如，在小学学习航行问题时，假设船速和水速恒定；在大学物理中学习牛顿运动定律时，假设瞬时加速度恒定等. 在建模过程中，一些假设需要在合理与简化之间作出折中.

模型构成是用数学语言、数学符号等描述问题. 传统的数学模型构成结构有初等模型、代数模型、数学规划模型、微分方程模型、图论模型、概率模型、统计模型等. 学习过程中需要广泛阅读各类数学知识，了解数学模型的应用场合、建模方法、求解方法等，在面对实际问题时，结合所学知识，充分发挥想象力，类比数学模型的应用场合，从而构建自己的数学模型. 建模过程中应尽量采用简单的数学工具来表达.

模型求解是数学建模过程中的难点，也是检验模型好坏的重要指标. 在学习模型求解时，需要熟练掌握一种或几种数学工具，例如 MATLAB、Mathematica、LINGO、SPSS、Python、Ansys、R 等. 当没有现成命令或手段直接求解时，需要自己根据模型设计算法，这时需要熟练掌握某种编程工具和常见数值计算方法. 常用的编程工具有 C++、Java、Python、MATLAB 等，常用的数值计算方法有二分法、穷举法、迭代法、追赶法等，现代智能算法有模拟退火算法、遗传算法、蚁群算法、粒子群算法、神经网络、深度学习等.

模型检验是模型应用的前提. 在模型检验过程中，需要对计算结构进行误差分析、统计分析，对模型参数进行稳健性分析等，同时也要结合实际，分析结果的可行性和适用性，便于将模型结论应用于生产生活.

模型应用是数学建模的最终环节. 在建立完成数学模型、求解结果并分析检验的基础上，需要采用语言文字手段将建模过程科学准确表达出来. 相关应用人员可以通过论文了解具体应用方法、理论原理和结论等. 数学建模论文是一篇较为详细的科学研究论文，一个完善、具体、科学、准确的论文有利于读者了解作者的思路、方法. 数学建模论文通常包括摘要、引言（问题的提出）、模型分析、模型假设、符号说明、模型的建立与求解、模型检验、模型应用、参考文献和附录等部分.

总之，学好数学建模需要从文献检索、问题提出、问题分析、模型建立、模型求解和科学论文撰写等各个方面进行学习，不拘泥于现有方法，充分发挥想象力、洞察力和判断力，在学中练、练中学，最终全面提升自身素质.

2

第 2 章
数学规划模型及应用

2.1 基础知识：数学规划模型及分类

数学规划是运筹学的一个重要分支，也是现代数学的一门重要学科. 1939 年，苏联的康托洛维奇·利奥尼德（Kantorovich Leonid）在讨论机床、负荷、下料和运输等问题时，发表了《生产组织与计划中的数学方法》一书. 第二次世界大战期间，美国经济学家科普曼斯·恰林（Koopmans Tjailing）研究生产运输问题. 直到 1947 年，美国丹捷格（G. B. Dantzig）提出了求解线性规划的单纯形法，数学规划方法才趋于成熟，并成功应用于工业、交通、农业、军事等领域. 1951 年库哈（H. W. Kuhn）和托克（A. W. Tucker）发表的关于最优性条件的论文标志着非线性规划正式诞生.

数学规划一般形式为

$$
\begin{aligned}
\min \quad & Z = f(X), \\
\text{s. t.} \quad & AX \leqslant b, \\
& AeqX = beq, \\
& c(X) \leqslant 0, \\
& ceq(X) = 0, \\
& lb \leqslant X \leqslant ub.
\end{aligned}
$$

式中，当 $f(X)$、$c(X)$ 和 $ceq(X)$ 为线性函数时，称为线性规划；当 $f(X)$、$c(X)$ 或 $ceq(X)$ 中存在非线性项时，称为非线性规划.

对于自变量 X，当 X 中全为整数变量时，称为整数规划；当 X 中既有整数变量又有实数变量时，称为混合整数规划. 在整数规划中，当 X 的取值范围只能为 0 或者 1 时，称为 0-1 整数规划. 常见数学规划模型的分类如图 2.1 所示.

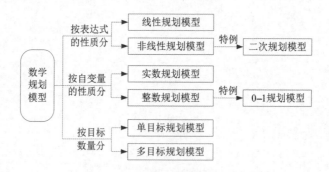

图 2.1　常见数学规划模型的分类

2.1.1　线性规划

线性规划的标准形式为

$$
\begin{aligned}
\min \quad & Z = CX, \\
\text{s. t.} \quad & AX \leqslant b, \\
& AeqX = beq, \\
& lb \leqslant X \leqslant ub.
\end{aligned}
$$

■例 2-1（线性规划）　某电力企业在项目施工过程中，需要采购一批电力线，并分别运送到两个工地，每个工地需要 50km 的电力线. 已知给该企业供货的厂家及其产品价格单位运价如表 2.1 和表 2.2 所示, 问如何采购企业成本最低?

表 2.1　供货公司的产品单价和最大供货量

	甲公司	乙公司	丙公司	丁公司
单价(元/100m)	1000	1200	1050	950
最大供货量(100m)	300	300	250	200

表 2.2　供货公司到工地的单位运输成本　　　　　　　单位：元/100m

	甲公司	乙公司	丙公司	丁公司
工地 A	500	200	300	900
工地 B	700	500	400	300

解　根据题意, 假设甲公司给工地 A 供应 x_1 单位电力线、给工地 B 供应 x_2 单位电力线, 乙公司给工地 A 供应 x_3 单位电力线、给工地 B 供应 x_4 单位电力线, 丙公司给工地 A 供应 x_5 单位电力线、给工地 B 供应 x_6 单位电力线, 丁公司给工地 A 供应 x_7 单位电力线、给工地 B 供应 x_8 单位电力线, 其购置费用为

$$Z_1 = 1000(x_1 + x_2) + 1200(x_3 + x_4) + 1050(x_5 + x_6) + 950(x_7 + x_8),$$

运输费用为

$$Z_2 = 500x_1 + 700x_2 + 200x_3 + 500x_4 + 300x_5 + 400x_6 + 900x_7 + 300x_8,$$

总成本为购置费用与运输费用的和, 即

$$Z = Z_1 + Z_2 = 1500x_1 + 1700x_2 + 1400x_3 + 1700x_4 + 1350x_5 + 1450x_6 + 1850x_7 + 1250x_8.$$

各公司有生产能力限制, 即自变量满足

$$x_1 + x_2 \leqslant 300,$$
$$x_3 + x_4 \leqslant 300,$$
$$x_5 + x_6 \leqslant 250,$$
$$x_7 + x_8 \leqslant 200.$$

各工地有需求要求, 即自变量满足

$$x_1 + x_3 + x_5 + x_7 = 500,$$
$$x_2 + x_4 + x_6 + x_8 = 500.$$

在实际产品购置中, 不允许自变量为负数, 即自变量满足 $x_i \geqslant 0$, $i = 1,2,\cdots,8$.

综上所述, 由题设要求企业成本最低, 建立目标最小的数学规划模型:

$$\min \quad Z = 1500x_1 + 1700x_2 + 1400x_3 + 1700x_4 + 1350x_5 + 1450x_6 + 1850x_7 + 1250x_8,$$

$$\text{s.t.} \quad x_1 + x_2 \leqslant 300,$$
$$x_3 + x_4 \leqslant 300,$$
$$x_5 + x_6 \leqslant 250,$$
$$x_7 + x_8 \leqslant 200,$$
$$x_1 + x_3 + x_5 + x_7 = 500,$$
$$x_2 + x_4 + x_6 + x_8 = 500,$$
$$x_i \geqslant 0 (i = 1,2,\cdots,8).$$

■例 2-2(线性规划)　某公司生产甲、乙、丙三种产品, 生产要经过铸造、机加工和装配 3 个车间, 甲、乙两种产品的铸件可以外包协作, 亦可以自行生产, 但产品丙必须由本公司铸

造才能保证直流，产品的加工工时、成本和售价如表 2.3 所示，公司可利用的总工时为：铸造 8000h，机加工 12000h，装配 10000h. 公司为了获得最大利润，甲、乙、丙三种产品各应生产多少件？甲、乙两种产品应由本公司铸造多少件，外包协作多少件？

表 2.3 公司的产品加工工时、成本和售价

	甲产品	乙产品	丙产品
铸造工时(h)	5	10	7
机加工工时(h)	6	4	8
装配工时(h)	3	2	2
自产铸件成本(万元)	0.3	0.5	0.4
外包铸件成本(万元)	0.5	0.6	
机加工成本(万元)	0.2	0.1	0.3
装配成本(万元)	0.3	0.2	0.2
单位售价(万元)	2.3	1.8	1.6

解 根据题意，假设甲产品铸件自产 x_1 件，外包铸件生产 x_2 件，乙产品铸件自产 y_1 件，外包铸件生产 y_2 件，丙产品铸件自产 z 件，则公司销售毛收入为

$$f = 2.3(x_1 + x_2) + 1.8(y_1 + y_2) + 1.6z.$$

生产成本为

$$g = 0.3x_1 + 0.5x_2 + 0.5(x_1 + x_2) + 0.5y_1 + 0.6y_2 + 0.3(y_1 + y_2) + 0.9z$$
$$= 0.8x_1 + x_2 + 0.8y_1 + 0.9y_2 + 0.9z.$$

公司为了获得最大利润，即追求公司毛收入与成本的价格差最大，因此构建目标函数

$$\max \quad Q = f - g = 1.5x_1 + 1.3x_2 + y_1 + 0.9y_2 + 0.7z.$$

公司生产工时有约束，铸造工时约束为 $5x_1 + 10y_1 + 7z \leq 8000$；

机加工工时约束为 $6(x_1 + x_2) + 4(y_1 + y_2) + 8z \leq 12000$；

装配工时约束为 $3(x_1 + x_2) + 2(y_1 + y_2) + 2z \leq 10000$.

自变量为非负数.

综上所述，由题设要求企业利润最大，建立目标最大的数学规划模型：

$$\max \quad Q = 1.5x_1 + 1.3x_2 + y_1 + 0.9y_2 + 0.7z,$$
$$\text{s.t.} \quad 5x_1 + 10y_1 + 7z \leq 8000,$$
$$6(x_1 + x_2) + 4(y_1 + y_2) + 8z \leq 12000,$$
$$3(x_1 + x_2) + 2(y_1 + y_2) + 2z \leq 10000,$$
$$x_1, x_2, y_1, y_2, z \geq 0.$$

2.1.2 非线性规划

非线性规划的标准形式为

$$\min \quad Z = f(X),$$
$$\text{s.t.} \quad AX \leq b,$$
$$AeqX = beq,$$
$$c(X) \leq 0,$$
$$ceq(X) = 0,$$
$$lb \leq X \leq ub.$$

■例 2-3(非线性规划) 某汽车生产企业计划生产一批电动汽车, 需要采购一批零部件, 企业零部件产品订货规则为: 零部件的零售价为 1000 元/件, 批量订货时, 订货单价与订货数量的平方根成反比, 另外由于企业的生产能力限制, 对于采购回来的零部件, 需要支付存储费, 单位零部件的存储费用与采购数量成正比, 比例系数为 100. 问如何采购, 使得企业单位成本最低?

解 根据题意, 假设一次采购零部件 x 件. 根据零部件产品订货规则, 采购单价可表示为

$$p(x) = \frac{1000}{\sqrt{x}},$$

所以采购成本函数为

$$f_1 = x \cdot p(x) = 1000\sqrt{x},$$

由单位零部件的存储费用与采购数量成正比, 其存储单价为

$$q(x) = 100x,$$

所以存储成本函数为

$$f_2 = x \cdot q(x) = 100x^2,$$

总成本为

$$F = f_1 + f_2 = 1000\sqrt{x} + 100x^2,$$

单位成本为

$$g(x) = \frac{F}{x} = \frac{1000}{\sqrt{x}} + 100x,$$

在实际产品购置中, 不允许自变量为负数的情况, 即自变量满足

$$x \geqslant 0.$$

综上所述, 由题设要求企业单位成本最低, 建立目标最小的数学规划模型:

$$\min \quad g(x) = \frac{1000}{\sqrt{x}} + 100x,$$

$$\text{s.t.} \quad x \geqslant 0.$$

■例 2-4(非线性规划) 机场附近经常需要空中调度与管制, 才能保证飞机的安全飞行. 为简化分析管制方法, 假设管制区域为约 10km 高空的某边长 160km 的正方形区域, 当飞机进入该区域时, 为避免碰撞, 同时需要满足飞机可操作, 需要满足如下约束:

(1) 不碰撞的标准为任意两架飞机的距离大于 8km;

(2) 飞机飞行方向角调整幅度不超过 30°.

问当有新飞机进入时, 应该如何调整, 才能最好地满足上述要求?

解 已知当前区域中有 n 架飞机, 第 i 架飞机的坐标位置为 (x_i, y_i), 方向角为 α_i, 所有飞机的飞行速度均为 800km/h. 假设第 i 架飞机的调整角度为 θ_i, 则飞行管理可求调整角度的幅度最小, 即

$$\min \quad Z = \sum_{i=1}^{n} |\theta_i|,$$

调整角度约束为

$$|\theta_i| \leqslant 30°.$$

对于第 i 架飞机和第 j 架飞机, t 时刻两架飞机的距离为

$$\{[x_i + vt\cos(\alpha_i + \theta_i) - x_j + vt\cos(\alpha_j + \theta_j)]^2 +$$

$$[y_i + vt\sin(\alpha_i + \theta_i) - y_j + vt\sin(\alpha_j + \theta_j)]^2\}^{\frac{1}{2}},$$

即对于 t 在任意时刻，都要满足上述距离大于 8km.

综上所述，建立调整角度绝对值最小的数学规划模型：

$$\min \quad Z = \sum_{i=1}^{n} |\theta_i|,$$

$$\text{s. t.} \quad |\theta_i| \leqslant 30^\circ,$$

$$\{[x_i + vt\cos(\alpha_i + \theta_i) - x_j + vt\cos(\alpha_j + \theta_j)]^2 + [y_i + vt\sin(\alpha_i + \theta_i) - y_j + vt\sin(\alpha_j + \theta_j)]^2\}^{\frac{1}{2}} \leqslant 8.$$

2.1.3 整数规划

■例 2-5（整数规划）　某电信公司根据建设规划，需要采购一批网络设备，目前市场上有 5 个企业可以供货，各自单价和需求如表 2.4 所示，问该公司如何采购其总成本最低？

表 2.4　供货单位单价和需求量

设备类型	供货单位单价(元)					需求量(台)
	上海华为	深圳华为	北京中兴	三星公司	思科网络	
交换机	2000	1800	1500	1900	2500	30
路由器	5000	5200	5500	4700	5800	20
中继器	800	700	900	1000	1200	50

解　根据题意，假设从第 i 个企业购置交换机 x_i 台、路由器 y_i 台、中继器 z_i 台，其交换机的总采购费用为

$$f_1 = 2000x_1 + 1800x_2 + 1500x_3 + 1900x_4 + 2500x_5,$$

路由器的总采购费用为

$$f_2 = 5000y_1 + 5200y_2 + 5500y_3 + 4700y_4 + 5800y_5,$$

中继器的总采购费用为

$$f_3 = 800z_1 + 700z_2 + 900z_3 + 1000z_4 + 1200z_5,$$

公司总采购费用为交换机、路由器和中继器三类产品的总费用，即

$$W = f_1 + f_2 + f_3.$$

每类产品有需求约束，其中，交换机需要满足条件

$$\sum_{i=1}^{5} x_i = 30,$$

路由器需要满足条件

$$\sum_{i=1}^{5} y_i = 20,$$

中继器需要满足条件

$$\sum_{i=1}^{5} z_i = 50.$$

在实际产品购置中，不允许自变量为负数的情况，即自变量 x_i、y_i 和 z_i 为非负整数.

综上所述，由题设要求采购总费用最小，建立目标最小的数学规划模型：

$$\min \quad W = f_1 + f_2 + f_3,$$

$$\text{s.t.} \quad f_1 = 2000x_1 + 1800x_2 + 1500x_3 + 1900x_4 + 2500x_5,$$

$$f_2 = 5000y_1 + 5200y_2 + 5500y_3 + 4700y_4 + 5800y_5,$$

$$f_3 = 800z_1 + 700z_2 + 900z_3 + 1000z_4 + 1200z_5,$$

$$\sum_{i=1}^{5} x_i = 30,$$

$$\sum_{i=1}^{5} y_i = 20,$$

$$\sum_{i=1}^{5} z_i = 50,$$

$x_i, y_i, z_i (i = 1, 2, 3, 4, 5)$ 为非负整数.

■例 2-6(0-1 整数规划)　某高校电子信息专业在人才培养过程中为了加强学生综合素质,开设了一批素质选修课程,需要在文学、法学和管理学类课程里面完成至少 10 学分,开设的素质选修课程类别与学分如表 2.5 所示,要求每一类课程至少完成 2 学分. 问如何用最少的课程门次来完成素质学分要求?

表 2.5　某高校开设的素质选修课程类别与学分

课程	类别	学分	自变量	课程	类别	学分	自变量
国际汉语	文学类	2	x_1	经济法	法学类	3	x_6
心理学	文学类	1.5	x_2	刑法基础	法学类	2	x_7
贸易英语	文学类	2.5	x_3	民法基础	法学类	2	x_8
世界历史	文学类	3	x_4	宪法基础	法学类	2	x_9
古诗词鉴赏	文学类	1	x_5	公司法	法学类	1.5	x_{10}
会计基础	管理学类	2	x_{11}	运筹学	管理学类	4	x_{12}
管理学基础	管理学类	2.5	x_{13}	公司运营	管理学类	2	x_{14}
精算基础	管理学类	3	x_{15}				

解　根据题意,引入自变量 $x_i = \begin{cases} 1, & \text{选修第 } i \text{ 门课,} \\ 0, & \text{不选第 } i \text{ 门课,} \end{cases}$ 得学生选课的门次为

$$Z = \sum_{i=1}^{15} x_i$$

根据选课规则,自变量满足条件:

$$2x_1 + 1.5x_2 + 2.5x_3 + 3x_4 + x_5 \geq 2,$$

$$3x_6 + 2x_7 + 2x_8 + 2x_9 + 1.5x_{10} \geq 2,$$

$$2x_{11} + 4x_{12} + 2.5x_{13} + 2x_{14} + 3x_{15} \geq 2,$$

$$2x_1 + 1.5x_2 + 2.5x_3 + 3x_4 + x_5 + 3x_6 + 2x_7 + 2x_8 +$$

$$2x_9 + 1.5x_{10} + 2x_{11} + 4x_{12} + 2.5x_{13} + 2x_{14} + 3x_{15} \geq 10.$$

综上所述,由题设要求选课门次最少,建立目标最小的数学规划模型:

$$\min \quad Z = \sum_{i=1}^{15} x_i,$$

$$\text{s. t.} \quad 2x_1 + 1.5x_2 + 2.5x_3 + 3x_4 + x_5 \geqslant 2,$$

$$3x_6 + 2x_7 + 2x_8 + 2x_9 + 1.5x_{10} \geqslant 2,$$

$$2x_{11} + 4x_{12} + 2.5x_{13} + 2x_{14} + 3x_{15} \geqslant 2,$$

$$2x_1 + 1.5x_2 + 2.5x_3 + 3x_4 + x_5 + 3x_6 + 2x_7 + 2x_8 +$$

$$2x_9 + 1.5x_{10} + 2x_{11} + 4x_{12} + 2.5x_{13} + 2x_{14} + 3x_{15} \geqslant 10,$$

$$x_i = 0 \text{ 或 } 1(i = 1, 2, \cdots, 15).$$

2.1.4 运输问题模型

■例 2-7 某电商平台有 5 个物流仓储地,根据某时段的订单,需要将产品从 5 个仓储地运至 3 个销地. 仓储地到销地的单位运价、仓储量和销售需求量如表 2.6 所示.

表 2.6 仓储地到销地的单位运价、仓储量和销售需求量信息表

	仓储地 1	仓储地 2	仓储地 3	仓储地 4	仓储地 5	需求量
销地 1	8	5	4	9	10	30
销地 2	4	2	3	7	4	20
销地 3	3	3	4	5	2	20
仓储量	30	10	20	30	40	

问如何运输,使得总成本最小?

解 假设仓储地 i 的仓储量为 P_i,销地 j 的需求量为 Q_j,仓储地 i 到销地 j 的单位运价为 C_{ij},仓储地 i 到销地 j 的运量为 x_{ij},则根据最小运输问题,建立规划模型为

$$\min \quad Z = \sum_{i=1}^{5} \sum_{j=1}^{3} C_{ij} x_{ij},$$

$$\text{s. t.} \quad \sum_{i=1}^{5} x_{ij} = Q_j (j = 1, 2, 3),$$

$$\sum_{j=1}^{3} x_{ij} \leqslant P_i (i = 1, 2, \cdots, 5),$$

$$x_{ij} \geqslant 0 (i = 1, 2, \cdots, 5, j = 1, 2, 3).$$

2.2 基本技能一:LINGO 在求解数学规划模型中的应用

2.2.1 LINGO 使用入门

LINGO 是求解最优化问题的专业软件包,它在求解各种大型线性、非线性、凸面和非凸面规划,整数规划,随机规划,动态规划,多目标规划半定规划,二次规划,二次方程,二次约束及双层规划等方面有明显的优势. LINGO 软件的内置建模语言提供了几十个内部函数,从而能以较少语句,较直观的方式描述大规模的优化模型,它的运算速度快,计算结果可靠,能方

便地与 Excel、数据库等其他软件交换数据，因此 LINGO 成为解决优化问题、统计分析问题的主要选择.

LINGO 运行界面如图 2.2 所示.

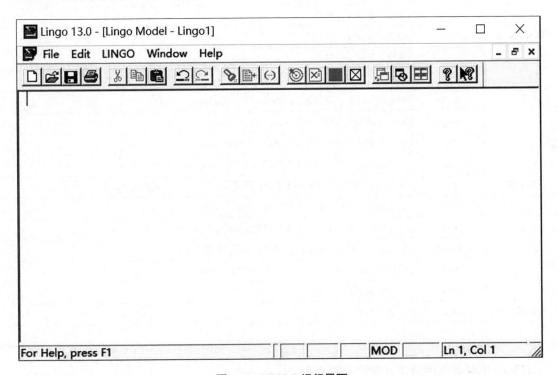

图 2.2 LINGO 运行界面

LINGO 运行界面内由标题栏、菜单栏、工具栏和主窗口等几个部分组成.

菜单栏有"File"（文件）菜单、"Edit"（编辑）菜单、"LINGO"菜单、"Window"（窗口）菜单和"Help"（帮助）菜单.

"File"（文件）菜单下有"New"（新建）、"Open"（打开）、"Save"（保存）、"Save As…"（另存为）、"Close"（关闭）、"Print"（打印）、"Print Setup…"（打印设置）、"Print Preview"（打印预览）、"Log Output…"（输出到日志文件）、"Take Commands…"（提交 LINGO 命令脚本文件）、"Import Lingo File…"（引入 LINGO 文件）和"Exit"（退出）等子项.

"Edit"（编辑）菜单下有"Undo"（恢复）、"Cut"（剪切）、"Copy"（复制）、"Paste"（粘贴）、"Paste Special"（粘贴特定）、"Select All"（全选）、"Find"（查找）、"Replace"（替换）、"Match Parenthesis"（匹配小括号）、"Paste Function"（粘贴函数）和"Select Font"（选择字体）等子项.

"LINGO"菜单下有"Slove"（求解模型）、"Solution…"（求解结果）、"Range"（灵敏性分析）、"Options…"（参数）、"Debug"（调试）、"Model Statistics"（模型状态）和"Look…"（查看）等子项.

"Window"（窗口）菜单和"Help"（帮助）菜单与其他软件功能相同.

2.2.2 LINGO 运算符与函数

LINGO 的算术、逻辑和关系运算符及其功能如表 2.7 所示.

表 2.7 LINGO 的算术、逻辑和关系运算符及其功能

	运算符	功能描述
算术运算符	+	加法，计算 x+y 的值
	–	减法，计算 x–y 的值
	*	乘法，计算 x * y 的值
	/	除法，计算 x/y 的值
	^	乘方，计算 x^y 的值
逻辑运算符	#not#	否定该操作数的逻辑值，#not#是一个一元运算符
	#eq#	若两个运算数相等，则为 true；否则为 flase
	#ne#	若两个运算符不相等，则为 true；否则为 flase
	#gt#	若左边的运算符严格大于右边的运算符，则为 true；否则为 flase
	#ge#	若左边的运算符大于或等于右边的运算符，则为 true；否则为 flase
	#lt#	若左边的运算符严格小于右边的运算符，则为 true；否则为 flase
	#le#	若左边的运算符小于或等于右边的运算符，则为 true；否则为 flase
	#and#	仅当两个参数都为 true 时，结果为 true；否则为 flase
	#or#	仅当两个参数都为 false 时，结果为 false；否则为 true
关系运算符	>或>=	大于或大于等于
	<或<=	小于或小于等于
	=	等于

LINGO 主要数学函数及其功能如表 2.8 所示.

表 2.8 LINGO 主要数学函数及其功能

函数名	功能描述	函数名	功能描述
@ SIN(X)	计算正弦	@ PI( )	返回常数 PI
@ SINH(X)	计算双曲正弦	@ SIGN(X)	返回 X 的符号
@ COS(X)	计算余弦	@ ABS(X)	取绝对值
@ COSH(X)	计算双曲余弦	@ EXP(X)	计算以 e 为底的指数
@ TAN(X)	计算正切	@ LOG(X)	计算自然对数
@ TANH(X)	计算双曲正切	@ LOG10(X)	计算常用对数
@ ACOS(X)	计算反余弦	@ POW(X,Y)	计算 X^Y
@ ACOSH(X)	计算双曲反余弦	@ SQR(X)	计算 X 的算术平方根
@ ASIN(X)	计算反正弦	@ SQRT(X)	计算 X 的平方根
@ ASINH(X)	计算双曲反正弦	@ MOD(X,Y)	取模/取整
@ ATAN(X)	计算反正切	@ FLOOR(X)	朝 0 方向取整
@ ATAN2(Y,X)	计算 Y/X 的反正切	@ SMAX(X1,X2,⋯,XN)	计算最大值
@ ATANH(X)	计算双曲反正切	@ SMIN(X1,X2,⋯,XN)	计算最小值

LINGO 变量界定函数及其功能如表 2.9 所示.

表 2.9　LINGO 变量界定函数及其功能

函数名	功能描述
@ bin(x)	限制 x 为 0 或 1
@ bnd(L,x,U)	限制 $L \leq x \leq U$
@ free(x)	取消对变量 x 的默认下界为 0 的限制，即 x 可以取任意实数
@ gin(x)	限制 x 为整数

LINGO 集循环与输入输出函数及其功能如表 2.10 所示.

表 2.10　LINGO 集循环与输入输出函数及其功能

函数名	功能描述
@ for	用来对集成员的遍历操作
@ sum	返回遍历指定的集成员的一个表达式的和
@ file	从外部文件中输入数据
@ text	被用在数据部分，用来把解输出至文本文件中
@ ole	从 Excel 中引入或输出数据的接口函数

2.2.3　基于 LINGO 的数学规划模型求解方法

■**例 2-8**　在例 2-1 中，建立的数学规划模型为

min　$Z = 1500x_1 + 1700x_2 + 1400x_3 + 1700x_4 + 1350x_5 + 1450x_6 + 1850x_7 + 1250x_8$,

s. t.　$x_1 + x_2 \leq 300$,

$x_3 + x_4 \leq 300$,

$x_5 + x_6 \leq 250$,

$x_7 + x_8 \leq 200$,

$x_1 + x_3 + x_5 + x_7 = 500$,

$x_2 + x_4 + x_6 + x_8 = 500$,

$x_i \geq 0 (i = 1,2,\cdots,8)$.

编写 LINGO 程序，求解上述问题.

解　根据 LINGO 软件语言特征，编写 LINGO 程序.

```
min=1500* x1+1700* x2+1400* x3+1700* x4+1350* x5+1450* x6+1850* x7+1250* x8;
x1+x2<300;
x3+x4<300;
x5+x6<250;
x7+x8<200;
x1+x3+x5+x7=500;
x2+x4+x6+x8=500;
```

单击运行菜单"LINGO"→"Slove"(或功能按钮)命令，得到图 2.3 所示的结果.

```
Global optimal solution found.
Objective value:                                    1417500.
Infeasibilities:                                    0.000000
Total solver iterations:                                   6

Model Class:                                              LP
Variable         Value        Reduced Cost
      X1      200.0000          0.000000
      X2      50.00000          0.000000
      X3      300.0000          0.000000
      X4      0.000000          100.0000
      X5      0.000000          100.0000
      X6      250.0000          0.000000
      X7      0.000000          800.0000
      X8      200.0000          0.000000
```

图 2.3　例 2-8 运行结果

所以，企业成本的最优值为 1.4175×10^6，各自变量最优解为：$x_1 = 200$，$x_2 = 50$，$x_3 = 300$，$x_6 = 250$，$x_8 = 200$，其他变量为 0.

■**例 2-9**　编写 LINGO 程序，求解下列线性规划问题：

$$\max \quad z = 2x_1 + 3x_2 - 5x_3,$$
$$\text{s. t.} \quad x_1 + x_2 + x_3 = 7,$$
$$2x_1 - 5x_2 + x_3 \geq 10,$$
$$x_1 + 3x_2 + x_3 \leq 12,$$
$$x_1, x_2, x_3 \geq 0.$$

解　根据 LINGO 软件语言特征，编写 LINGO 程序.

```
max=2* x1+3* x2-5* x3;
x1+x2+x3=7;
2* x1-5* x2+x3>10;
x1+3* x2+x3<12;
```

单击运行菜单"LINGO"→"Slove"（或功能按钮 ）命令，得到图 2.4 所示的结果.

```
Global optimal solution found.
Objective value:                                    14.57143
Infeasibilities:                                    0.000000
Total solver iterations:                                   2
Model Class:                                              LP
Variable         Value        Reduced Cost
      X1      6.428571          0.000000
      X2      0.5714286         0.000000
      X3      0.000000          7.142857
```

图 2.4　例 2-9 运行结果

■**例 2-10**　求解下列非线性规划问题：

$$\max \quad z = x_1^2 + x_2^2 + x_3^2 - 8,$$
$$\text{s. t.} \quad x_1^2 - x_2 + x_3^2 \geq 0,$$
$$x_1 + x_2^2 + x_3^2 \leq 20,$$
$$-x_1 - x_2^2 + 2 = 0,$$
$$x_2 - 2x_3^2 \leq 3,$$
$$x_1, x_2, x_3 \geq 0.$$

解 根据 LINGO 软件语言特征,编写 LINGO 程序.

```
max=x1^2+x2^2+x3^2-8;
x1^2-x2+x3^2>0;
x1+x2^2+x3^2<20;
-x1-x2^2+2=0;
x2-2* x3^2<3;
```

单击运行菜单"LINGO"→"Slove"(或功能按钮 ◎)命令,得到图 2.5 所示的结果.

```
Local optimal solution found.
Objective valus:                        14.00000
Infeasibilities:                        0.000000
Extended solver steps:                         5
Total solver iterations:                      54

Model Class:                                 NLP
Variable           Value        Reduced Cost
     X1          2.000000          0.000000
     X2          0.000000          0.000000
     X3          4.242641          0.000000
```

图 2.5 例 2-10 的运行结果

■**例 2-11** 有一个 6 个产地、8 个销地的最小费用运输问题. 其产销单位运价如表 2.11 所示.

表 2.11 产地和销地之间单位运价、产量和销量

产地	销地								产量
	B_1	B_2	B_3	B_4	B_5	B_6	B_7	B_8	
A_1	6	2	6	7	4	2	5	9	60
A_2	4	9	5	3	8	5	8	2	55
A_3	5	2	1	9	7	4	3	3	51
A_4	7	6	7	3	9	2	7	1	43
A_5	2	3	9	5	7	2	6	5	41
A_6	5	5	2	2	8	1	4	3	52
销量	35	37	22	32	41	32	43	38	

解 假设 P_i 为第 i 个产地的产量，Q_j 为第 j 个销地的销量，C_{ij} 为从第 i 个产地到第 j 个销地的单位运价，x_{ij} 为第 j 个销地在第 i 个产地的采购量，建立运输问题的数学模型如下.

$$\min \quad Z = \sum_{i=1}^{6} \sum_{j=1}^{8} C_{ij} x_{ij},$$

$$\text{s. t.} \quad \sum_{j=1}^{8} x_{ij} \leqslant P_i (i = 1, 2, \cdots, 6),$$

$$\sum_{i=1}^{6} x_{ij} = Q_j (j = 1, 2, \cdots, 8),$$

$$x_{ij} \geqslant 0 (i = 1, 2, \cdots, 6, j = 1, 2, \cdots, 8).$$

根据 LINGO 软件语言特征，编写 LINGO 程序.

```
model:
! 6个产地, 8个销地运输问题;
sets:
  sole/a1.. a6/: P;
  need/b1.. b8/: Q;
  links(sole, need): C, x;
endsets
! 目标函数;
  min =@ sum(links: C* x);
! 销量约束;
  @ for(need (J):
  @ sum(sole (I): x(I, J))=Q(J));
! 产量约束;
  @ for(sole (I):
  @ sum(need (J): x(I, J))<=P(I));

! 数据设置;
data:
  P=60 55 51 43 41 52;
  Q=35 37 22 32 41 32 43 38;
  C=6 2 6 7 4 2 9 5
    4 9 5 3 8 5 8 2
    5 2 1 9 7 4 3 3
    7 6 7 3 9 2 7 1
    2 3 9 5 7 2 6 5
    5 5 2 2 8 1 4 3;
enddata
end
```

然后单击工具条上的按钮 ⊚ 即可.

将表格保存成 book1. xls 文件，在表格中，选择产量所在的位置区，右键单击，然后选择定义名称，输入 cap，就定义好了产地区域的名称. 同理定义销地名称为 need，单位运价区名称为 cost 和运量区为 num. 然后将上述程序的数据设置部分做如下修改.

```
！数据设置；
data:
P, Q, C=@ ole('D: \ book1.xls', cap, need, cost);
@ ole('D: \ book1.xls', num)=x;
enddata
```

这样就实现了 Excel 电子表格与 LINGO 软件的数据输入输出，程序数据源可以来自表格，计算结果输出到表格对应的单元格.

2.3 基本技能二：MATLAB 数学规划工具箱的应用

MATLAB 数学规划工具箱（Optimization Toolbox）提供了求解多种数学规划模型的函数，通过使用对应函数，可在满足约束的同时求出最小化或最大化目标的参数. 该工具箱包含下列各项的求解器：线性规划（LP）、混合整数线性规划（MILP）、二次规划（QP）、二阶锥规划（SOCP）、非线性规划（NLP）、约束线性最小二乘、非线性最小二乘和非线性方程组. 表 2.12 所示的为 MATLAB 2020 数字规划工具箱中的主要函数.

表 2.12　MATLAB 2020 数学规划工具箱函数及其功能

函数名称	功能描述
fminsearch	使用无导数法计算无约束多变量函数的最小值
fminunc	求无约束多变量函数的最小值
fminbnd	查找单变量函数在定区间上的最小值
fmincon	寻找约束非线性多变量函数的最小值
fseminf	求解半无限约束多变量非线性函数的最小值
fgoalattain	求解多目标的目标达到问题
fminimax	求解最小最大问题的极值
intlinprog	混合整数线性规划（MILP）
linprog	求解一般线性规划模型的极值
quadprog	求解二次规划模型的极值
lsqlin	求解约束线性最小二乘问题
lsqcurvefit	用最小二乘求解非线性曲线拟合（数据拟合）问题
lsqnonlin	求解非线性最小二乘（非线性数据拟合）问题
fsolve	对非线性方程组求解
fzero	非线性函数的根
optimoptions	创建优化问题求解的参数
optimset	设置优化问题求解的参数
optimget	获取当前优化问题求解所使用的参数
optimtool	最优化图形 app

MATLAB 数学规划工具箱的使用步骤：
第一步，对于建立的数学模型，根据需要使用的函数转换成函数能识别的标准形式；
第二步，对照函数标准型定义对应的参数，并编写求解函数；

第三步, 单击运行按钮对模型进行求解.

2.3.1　fminsearch 函数的使用

fminsearch 函数求解的标准格式为

$$\min_{x} f(x),$$

其中, $f(x)$ 为要计算最小值的目标函数.

■**例 2-12**　计算函数 $f(x) = 100\,(x_2 - x_1^2)^2 + (1 - x_1)^2$ 的极小值.

解　根据问题, 编写 MATLAB 程序.

```
fun = @ (x)100*(x(2) - x(1)^2)^2 + (1 - x(1))^2;
x0 = [-1.2,1];
x = fminsearch(fun,x0)
```

运行得到数值解.

```
x=1.0000    1.0000
```

2.3.2　fminunc 函数的使用

fminunc 函数求解的标准格式与 fminsearch 函数相同.

■**例 2-13**　计算函数 $f(x) = 3x_1^2 + 2x_1x_2 + x_2^2 - 4x_1 + 5x_2$ 在 $[1,1]$ 区间的最小值.

解　根据问题, 编写 MATLAB 程序.

```
fun = @ (x)3*x(1)^2 + 2*x(1)*x(2) + x(2)^2 - 4*x(1) + 5*x(2);
x0 = [1,1];
[x,fval] = fminunc(fun,x0)
```

运行得到数值解.

```
x =  2.2500   -4.7500
fval = -16.3750
```

2.3.3　linprog 函数的使用

linprog 函数用于求解线性规划问题, 其求解的标准格式为

$$\min_{x} f^{\mathrm{T}} x \ \text{such that} \begin{cases} A \cdot x \leqslant b, \\ Aeq \cdot x = beq, \\ lb \leqslant x \leqslant ub. \end{cases}$$

即求解目标函数的最小值, 如果模型是求最大值, 则需要转化成最小问题求解.

■**例 2-14**　求解下列线性规划问题:

$$\max \quad z = 2x_1 + 3x_2 - 5x_3,$$
$$\text{s. t.} \quad x_1 + x_2 + x_3 = 7,$$
$$2x_1 - 5x_2 + x_3 \geqslant 10,$$
$$x_1 + 3x_2 + x_3 \leqslant 12,$$
$$x_1, x_2, x_3 \geqslant 0.$$

解　将问题转化为标准形式:

$$\min \quad w = -2x_1 - 3x_2 + 5x_3,$$
$$\text{s. t.} \quad x_1 + x_2 + x_3 = 7,$$
$$-2x_1 + 5x_2 - x_3 \leqslant -10,$$
$$x_1 + 3x_2 + x_3 \leqslant 12,$$
$$x_1, x_2, x_3 \geqslant 0.$$

对照函数 linprog 的求解标准格式，编写 MATLAB 程序如下.

```
C=[-2 -3 5]';
A=[-2 5 -1;1 3 1];
b=[-10;12];
aeq=[1 1 1];
beq=7;
[x,y]=linprog(C,A,b,aeq,beq,zeros(3,1));
x,y=-y
```

运行得到数值解.

```
x =    6.4286    0.5714         0
y =   14.5714
```

2.3.4　intlinprog 函数的使用

intlinprog 函数用于求解混合整数线性规划问题，其求解的标准格式为

$$\min_{x} f^{\mathrm{T}} x \quad \text{subject to} \begin{cases} x(\mathbf{intcon}) \text{ are integers,} \\ A \cdot x \leqslant b, \\ Aeq \cdot x = beq, \\ lb \leqslant x \leqslant ub. \end{cases}$$

其中 **intcon** 为整数变量在自变量 x 中的位置，多个整数变量时用向量表示.

■**例 2-15**　求解下列整数规划问题：

$$\min \quad z = 8x_1 + x_2,$$
$$\text{s. t.} \quad x_1 + 2x_2 \geqslant -14,$$
$$-4x_1 - x_2 \leqslant -33,$$
$$2x_1 + x_2 \leqslant 20,$$
$$x_i = 0 \text{ 或 } 1, i = 1,2,3.$$

解　对照函数 intlinprog 的求解标准格式，编写 MATLAB 程序如下.

```
C=[8;1];
intcon=[1,2];
A=[-1,-2;-4,-1;2,1];
b=[14;-33;20];
[x,f]=intlinprog(C,intcon ,A,b)
```

运行得到数值解.

```
x =    7.000    5.0000
f =   61.0000
```

2.3.5 quadprog 函数的使用

quadprog 函数用于求解二次规划问题，其求解的标准格式为

$$\min_x \frac{1}{2}x^\mathrm{T}Hx + f^\mathrm{T}x \ \text{ such that} \begin{cases} A \cdot x \leq b, \\ Aeq \cdot x = beq, \\ lb \leq x \leq ub. \end{cases}$$

目标函数中存在二次项，其余为线性约束的最小问题.

例 2-16 求解下列二次规划问题：

$$\min \quad z = 0.5x_1^2 + x_2^2 - x_1x_2 - 2x_1 - 6x_2,$$

$$\text{s. t.} \quad x_1 + x_2 \leq 2,$$

$$-x_1 + 2x_2 \leq 2,$$

$$2x_1 + x_2 \leq 3,$$

$$x_1, x_2 \geq 0.$$

解 对照函数 quadprog 的求解标准型，编写 MATLAB 程序如下.

```
H = [1 -1; -1 2];
f = [-2; -6];
A = [1 1; -1 2; 2 1];
b = [2; 2; 3];
lb = zeros(2,1);
[x,fval] =quadprog(H,f,A,b,[],[],lb)
```

运行得到数值解.

```
x =    0.6667    1.3333
fval =   -8.2222
```

2.3.6 fmincon 函数的使用

fmincon 函数用于求解二次规划问题，其求解的标准格式为

$$\min_x f(x) \ \text{ such that} \begin{cases} c(x) \leq 0, \\ ceq(x) = 0, \\ A \cdot x \leq b, \\ Aeq \cdot x = beq, \\ lb \leq x \leq ub. \end{cases}$$

其中 $f(x)$、$c(x)$ 和 $ceq(x)$ 均可为非线性函数，其余为线性函数.

例 2-17 求解下列非线性规划问题：

$$\max \quad z = x_1^2 + x_2^2 + x_3^2 + 8,$$

$$\text{s. t.} \quad x_1^2 - x_2 + x_3^2 \geq 0,$$

$$x_1 + x_2^2 + x_3^2 \leq 20,$$

$$-x_1 - x_2^2 + 2 = 0,$$

$$x_2 - 2x_3^2 \leq 3,$$

$$x_1, x_2, x_3 \geq 0.$$

解　将问题转化为标准形式,

$$\min \quad f = -x_1^2 - x_2^2 - x_3^2 - 8,$$

$$\text{s. t.} \quad -x_1^2 + x_2 - x_3^2 \leqslant 0,$$

$$x_1 + x_2^2 + x_3^2 - 20 \leqslant 0,$$

$$x_2 - 2x_3^2 - 3 \leqslant 0,$$

$$-x_1 - x_2^2 + 2 = 0,$$

$$x_1, x_2, x_3 \geqslant 0.$$

对照函数 fmincon 的求解标准格式, 编写 MATLAB 程序如下.

```
function exp2_17
x0=[1;1;1];
A=[];b=[];
Aeq=[];beq=[];
vlb=zeros(3,1);vub=[];
[x,y]=fmincon(@ fun,x0,A,b,Aeq,beq,vlb,vub,@ con);
x,y=-y
function f=fun(x)
f=-x(1).^2-x(2).^2-x(3).^2-8;
function [c,ceq]=con(x)
c(1)=-x(1)^2+x(2)-x(3)^2;
c(2)=x(1)+x(2)^2+x(3)^2-20;
c(3)=x(2)-2*x(3)^2-3;
c=c(:);
ceq=-x(1)-x(2)^2+2;
```

保存以上代码到 exp2_17. m 文件中, 运行得到数值解.

```
x =    2.0000    0.0006    4.2426
y =  30.0000
```

2.3.7　fminimax 函数的使用

fminimax 函数用于求解指定目标中最大目标的最小值问题, 其求解的标准格式为

$$\min_{\boldsymbol{x}} \max_{i} F_i(\boldsymbol{x}) \quad \text{such that} \begin{cases} c(\boldsymbol{x}) \leqslant \boldsymbol{0}, \\ ceq(\boldsymbol{x}) = \boldsymbol{0}, \\ \boldsymbol{A} \cdot \boldsymbol{x} \leqslant \boldsymbol{b}, \\ \boldsymbol{Aeq} \cdot \boldsymbol{x} = \boldsymbol{beq}, \\ \boldsymbol{lb} \leqslant \boldsymbol{x} \leqslant \boldsymbol{ub}. \end{cases}$$

■**例 2-18**　求解下列非线性规划问题:

$$\min \quad z = \max[f_1(x), f_2(x), f_3(x), f_4(x), f_5(x)],$$

$$\text{s. t.} \quad f_1(x) = 2x_1^2 + x_2^2 - 48x_1 - 40x_2 + 304,$$

$$f_2(x) = -x_1^2 - 3x_2^2,$$

$$f_3(x) = x_1 + 3x_2 - 18,$$

$$f_4(x) = -x_1 - x_2,$$

$$f_5(x) = x_1 + x_2 - 8.$$

解　对照函数 fminimax 的求解标准型，编写 MATLAB 程序如下.

```
function exp2_18
x0 = [0.1; 0.1];
[x,fval] = fminimax(@ myfun,x0)
function f = myfun(x)
f(1) = 2*x(1)^2+x(2)^2-48*x(1)-40*x(2)+304;
f(2) = -x(1)^2 - 3*x(2)^2;
f(3) = x(1) + 3*x(2) -18;
f(4) = -x(1) - x(2);
f(5) = x(1) + x(2) - 8;
```

保存以上代码到 exp2_18.m 文件中，运行得到数值解.

```
x =    4.0000    4.0000
fval =   0.0000  -64.0000   -2.0000   -8.0000   -0.0000
```

2.3.8　lsqcurvefit 函数的使用

lsqcurvefit 函数用于最小二乘求解非线性曲线拟合(数据拟合)问题，其求解的标准格式为

$$\min_x \| F(\boldsymbol{x}, \boldsymbol{xdata}) - \boldsymbol{ydata} \|_2^2 = \min_x \sum_i \left[F(\boldsymbol{x}, xdata_i) - ydata_i \right]^2,$$

其中 **xdata** 和 **ydata** 为希望拟合的采样数据.

■**例 2-19**　某电路的电压-电流监测数据如表 2.13 所示，试求该电路的电压-电流关系函数.

表 2.13　某电路的电压-电流监测数据

电压(V)	0.5	1.0	1.5	2.0	2.5	3.0	3.5	4.0	4.5	5.0
电流(A)	0.01	0.02	0.04	0.06	0.10	0.13	0.15	0.17	0.18	0.19

解　绘制上述表格的电压-电流关系曲线，如图 2.6 所示.

从图 2.6 看出，其关系类似于 S 函数曲线.

假设其电压-电流关系函数:

$$I = \frac{k_1}{1 + k_2 \mathrm{e}^{-k_3 V}} + k_4.$$

对照函数 lsqcurvefit 的求解标准格式，编写 MATLAB 程序如下.

```
V=[0.5 1 1.5 2 2.5 3 3.5 4 4.5 5];
A=[0.01 0.02 0.04 0.06 0.1 0.13 0.15 0.17 0.18 0.19];
fun=@ (x,V)x(1)./(1+x(2)*exp(-x(3)*V))+x(4);
x0=[1;1;1;0];
x=lsqcurvefit(fun,x0,V,A)
```

运行得到数值解.

```
x =   0.1996   25.3788    1.3037   -0.0048
```

由此得到该电路的电压-电流预测关系函数：

$$I = \frac{0.1996}{1 + 25.3788e^{1.3037V}} - 0.0048.$$

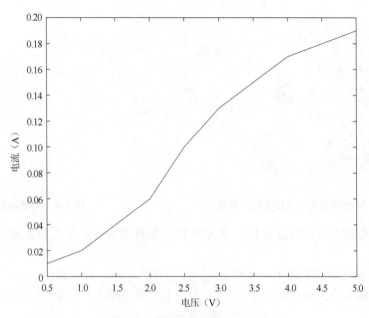

图 2.6　电压-电流关系曲线

2.4　实践创新一：电子导航与道路决策

2.4.1　问题的提出

自 1958 年美国海军研制子午仪卫星定位系统开始，历经 50 年，全球定位系统（Global Positioning System，GPS）全面建成. 如今 GPS 广泛应用于电子定位和车载导航等领域.

20 世纪 60 年代，中国科学家开始研究利用卫星进行定位导航，"七五"计划提出了"新四星"计划. 1983 年，无线电电子专家、中科院院士陈芳允提出了双星定位系统的构想. 1994 年，国家正式批准了陈芳允院士的"双星定位系统"方案，启动北斗卫星导航试验系统（北斗一号）的研发建设. 2020 年 6 月，最后一颗北斗卫星发射成功. 历经 20 年，我国共发射 55 颗卫星并顺利组网，全面建成北斗三号系统.

在卫星定位系统发展的同时，电子地图也随之迅速发展，目前国际上应用最广泛的电子地图为 Google Maps，我国的百度地图和高德地图等也广泛应用于人们的手机、导航仪等电子设备. 通过卫星定位系统可实现目标定位、线路规划和汽车导航等功能.

电子地图是如何实现出行线路的最优规划呢？以某大学城交通道路为例，学生小李计划从大学城南地铁站去公园，选择的交通工具为电动自行车，如果只能在大学城主干道行驶，问如何行走能最快到达目的地？

2.4.2　问题的抽象及模型的建立

某大学城主干道路交通示意图如图 2.7 所示.

选择地图上有可能经过的 9 个点，分别标记为 $A_0, A_1, \cdots, A_8$，采用图论中的网络图原理，抽象为网络结构图(忽略部分可能性不大的线路)，如图 2.8 所示.

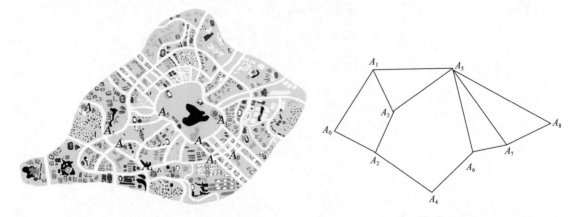

图 2.7　某大学城主干道路交通示意图　　　　　图 2.8　网络结构图

已知图 2.8 中各条线路的路程 W_{ij}，则此实际问题转变为从起点 A_0 行驶到 A_8 的最短道路是哪条.

假设当小李骑行经过道路 $A_i \rightarrow A_j$ 时记 $x_{ij} = 1$，否则 $x_{ij} = 0$. 根据题设，对于 $x_{ij} = 1$ 的道路，小李一定经过，即小李的骑行增加了 $A_i \rightarrow A_j$ 这一段路程. 那么，小李骑行的总路程为

$$S = \sum_{i=0}^{8} \sum_{j=0}^{8} x_{ij} \times W_{ij}.$$

希望小李的骑行总路程最短，即追求目标

$$\min S = \sum_{i=0}^{8} \sum_{j=0}^{8} x_{ij} \times W_{ij}.$$

考查约束，对于起点 A_0，它在最短路上，它只有一条输出的线路，即

$$\sum_{j=0}^{8} x_{0j} = 1.$$

对于终点 A_8，它在最短路上，它只有一条输入的线路，即

$$\sum_{i=0}^{8} x_{i8} = 1.$$

对于其他节点，当该节点在最短路上时，其入度和出度均为 1；当该节点不在最短路上时，其入度和出度均为 0，即

$$\sum_{j=0}^{8} x_{ij} = 1 \text{ 或 } 0(i = 1, 2, \cdots, 7);$$

$$\sum_{i=0}^{8} x_{ij} = 1 \text{ 或 } 0(j = 1, 2, \cdots, 7).$$

整理得导航问题的数学规划模型：

$$\min S = \sum_{i=0}^{8} \sum_{j=0}^{8} x_{ij} \times W_{ij},$$

$$\text{s.t.} \sum_{\substack{j=0 \\ v_i v_j \in E}}^{8} x_{ij} - \sum_{\substack{j=0 \\ v_j v_i \in E}}^{8} x_{ji} = \begin{cases} 1, i = 0, \\ -1, i = 8, \\ 0, i \neq 0 \text{ 或 } 8, \end{cases}$$

$$x_{ij} = 0 \text{ 或 } 1.$$

2.4.3 模型的求解与结果分析

求解两个指定顶点之间最短路径可用 Dijkstra 算法.

假设有一赋权图 $G = (V, E, W)$. 其中顶点集 $V = \{v_1, v_2, \cdots, v_n\}$，边集 E，邻接矩阵 $W = (w_{ij})_{n \times n}$，$w_{ij}$ 表示顶点 v_i 和 v_j 之间的距离 $(i = 1, 2, \cdots, n, j = 1, 2, \cdots, n, i \neq j)$，若顶点 v_i 和 v_j 之间没有边相连，则 $w_{ij} = +\infty$. 当需要求起点 u_0 到终点 v_0 的最短路径时，Dijkstra 算法的基本思想是以距 u_0 近到远为顺序，依次求得到 G 的各顶点的最短路径和距离，直至 v_0，算法结束.

Dijkstra 算法的具体过程如下.

（1）令 $l(u_0) = 0$，对 $v \neq u_0$，令 $l(v) = \infty$，$S_0 = \{u_0\}$，$i = 0$.

（2）对每个 $v \in \bar{S}_i (\bar{S}_i = V - S_i)$，用 $\min\limits_{u \in S_i}\{l(v), l(u) + w(uv)\}$ 代替 $l(v)$，这里 $w(uv)$ 表示顶点 u 和 v 之间边的权值. 计算 $\min\limits_{v \in \bar{S}_i}\{l(v)\}$，把达到这个最小值的一个顶点记为 u_{i+1}，令 $S_{i+1} = S_i \cup \{u_{i+1}\}$.

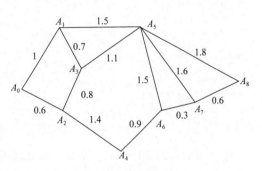

图 2.9 网络赋权图

（3）若 $u_i = v_0$ 或 $i \geq |V| - 1$，则停止；否则用 $i + 1$ 代替 i，转（2）. 例如，2.4.2 小节中大学城主干道路的赋权图如图 2.9 所示.

从图 2.9 中可以列出大学城部分道路的邻接矩阵为

$$
\begin{bmatrix}
0 & 1 & 0.6 & \infty & \infty & \infty & \infty & \infty & \infty \\
1 & 0 & \infty & 0.7 & \infty & 1.5 & \infty & \infty & \infty \\
0.6 & \infty & 0 & 0.8 & 1.4 & \infty & \infty & \infty & \infty \\
\infty & 0.7 & 0.8 & 0 & \infty & 1.1 & \infty & \infty & \infty \\
\infty & \infty & 1.4 & \infty & 0 & \infty & 0.9 & \infty & \infty \\
\infty & 1.5 & \infty & 1.1 & \infty & 0 & 1.5 & 1.6 & 1.8 \\
\infty & \infty & \infty & \infty & 0.9 & 1.5 & 0 & 0.3 & \infty \\
\infty & \infty & \infty & \infty & \infty & 1.6 & 0.3 & 0 & 0.6 \\
\infty & \infty & \infty & \infty & \infty & 1.8 & \infty & 0.6 & 0
\end{bmatrix}.
$$

根据 Dijkstra 算法，编写从 A_0 到 A_8 的最短路径的 MATLAB 程序如下.

```
clear, clc
m=9;
w=inf* ones(m);
w(1, [2, 3])=[1 0.6]; w(2, [4, 6])=[0.7, 1.5]; w(3, [4, 5])=[0.8, 1.4]; w(4, 6)=1.1; w(5, 7)
=0.9;
w(6, [7 8 9])=[1.5, 1.6 1.8]; w(7, 8)=0.3; w(8, 9)=0.6;
a=triu(w);
b=a'; w=a+b;
s=inf* ones(1, m);
v=zeros(1, m);
a=1; v0=9;
s(a)=0;
b=1: m;
```

```
b(a)=[];
while(a(end)~=v0&~isempty(b))
    for i=b
        temp=w(a(end),i)+s(a(end));
        if(s(i)>temp)
                v(i)=a(end);
                s(i)=temp;
        end
    end
    [s1,i]=min(s(b));
    a=[a,b(i)];
    b(i)=[];
end
T=v0;
while(T(1)~=a(1))
    T=[v(T(1)),T];
end
disp(T)
```

对于 MATLAB 2018 以上版本，可以利用其内部函数，编写程序如下.

```
V=[1 1 2 2 2 3 3 3 4 4 5 5 6 6 6 6 7 7 7 8 8 9 9];
E=[2 3 1 4 6 1 4 5 2 3 6 3 7 2 4 7 8 9 5 6 8 6 7 9 6 8];
W=[1 0.6 1 0.7 1.5 0.6 0.8 1.4 0.7 0.8 1.1 1.4 0.9 1.5 1.1 1.5 1.6 1.8 0.9 1.5 0.3 1.6 0.3 0.6 1.8 0.6];
G=sparse(V,E,W);
G(6,6)=0;
H=view(biograph(G,[],'ShowWeights','on'));
[dist,Path]=graphshortestpath(G,1,'Method','Dijkstra')
set(H.Nodes(Path),'Color',[1 0.4 0.4]);
edges=getedgesbynodeid(H,get(H.Nodes(Path),'ID'));
set(edges,'LineColor',[1,0,0]);
set(edges,'LineWidth',2.0);
Dists=graphallshortsetpaths(G)
```

课后思考

（1）如果道路图为有向图（全部道路为单行道），该如何建立数学模型，并编写求解程序？

（2）如果道路图为混合图（部分边为有向边），该如何建立数学模型？并编写求解程序。

2.5　实践创新二：家庭安全用电策略与优化

2.5.1　问题的提出

住房是人们生活的基本需求之一，每个家庭基本都要建造、购买或租赁一套住房. 1986

年，我国提出"出售公房，调整租金，提倡个人建房买房"的设想，拉开了住房制度改革的序幕. 经过多年发展建设，现如今，全国城市到处高楼林立，如图 2.10 所示.

图 2.10　现代城市高楼林立

家电作为住房的必需品，种类越来越丰富，功能越来越强大，日光灯、冰箱、空调、洗衣机、热水器、电视、计算机等家电产品已经成为家庭用电的主力军，房屋整体供电设计也成为住房装修的一个重要环节.

房屋整体供电设计关系到用电安全及日常方便，一定要有专业的电路设计，如图 2.11 所示. 从电路布线图可知，有的用电设备通过分接方法连接到配电箱，有的设备通过专线连接到配电箱.

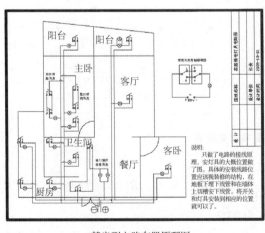

某房型电路布置原理图
(a)

装修走线施工现场图
(b)

图 2.11　现代房屋电路布线图

同学们在中学物理中学过电路,大学里大部分工科专业也都开设电工电子类的课程,下面讨论如何用基础的电路知识对家庭电路进行设计及优化.

假设某家庭为三室两厅两卫一阳台的结构,每个房间有一个 40W 的照明灯和一台 1.5P(功率约 3486W)的空调,客厅有两组 60W 照明灯和一台电视机(约 100W),餐厅有一个 60W 的照明灯和电冰箱(约 120W),厨房有一个 60W 的照明灯和烤炉等用电设备(功率大约 3kW),每个卫生间都有一台 2.5kW 的电热水器和一组 1.5kW 的浴霸,阳台有一个 20W 的照明灯和一台 500W 的洗衣机. 不考虑物理布局,假设电路主线连接顺序如图 2.12 所示,试建立其数学模型,计算各电路中电流的大小.

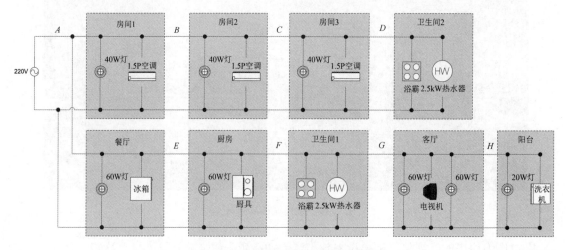

图 2.12 某家庭电路走线布置示意图

2.5.2 问题的抽象及模型的建立

根据图 2.12,将电路线路图抽象简化为电路图 2.13.

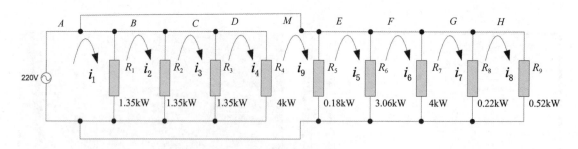

图 2.13 某家庭房屋抽象电路图

根据电路原理,电阻 R_1 的阻值为 $\dfrac{电压^2}{功率} = \dfrac{220^2}{1350} \approx 36(\Omega)$,同理,$R_2$、$R_3$ 为 36Ω,R_4、R_7 为 12Ω,R_5 为 269Ω,R_6 为 16Ω,R_8 为 220Ω,R_9 为 93Ω.

如图 2.13 所示,将 $A,B,C,\cdots$ 顺序编号为 $1,2,3,\cdots$,假设经过第 k 点的电流为 i_k,为简化计算,后面分析均用有效值等效为直流电路网络. 根据基尔霍夫定理可得方程组:

$$(i_1 - i_2 - i_9) \times R_1 = 220,$$
$$(i_2 - i_3) \times R_2 = 220,$$
$$(i_3 - i_4) \times R_3 = 220,$$
$$i_4 \times R_4 = 220,$$
$$(i_9 - i_5) \times R_5 = 220,$$
$$(i_5 - i_6) \times R_6 = 220,$$
$$(i_6 - i_7) \times R_7 = 220,$$
$$(i_7 - i_8) \times R_8 = 220,$$
$$i_8 \times R_9 = 220.$$

将上述方程组写为矩阵形式为

$$
\begin{bmatrix}
R_1 & -R_1 & 0 & 0 & 0 & 0 & 0 & 0 & -R_1 \\
0 & R_2 & -R_2 & 0 & 0 & 0 & 0 & 0 & 0 \\
0 & 0 & R_3 & -R_3 & 0 & 0 & 0 & 0 & 0 \\
0 & 0 & 0 & R_4 & 0 & 0 & 0 & 0 & 0 \\
0 & 0 & 0 & 0 & -R_5 & 0 & 0 & 0 & R_5 \\
0 & 0 & 0 & 0 & R_6 & -R_6 & 0 & 0 & 0 \\
0 & 0 & 0 & 0 & 0 & R_7 & -R_7 & 0 & 0 \\
0 & 0 & 0 & 0 & 0 & 0 & R_8 & -R_8 & 0 \\
0 & 0 & 0 & 0 & 0 & 0 & 0 & R_9 & 0
\end{bmatrix}
\times
\begin{bmatrix}
i_1 \\ i_2 \\ i_3 \\ i_4 \\ i_5 \\ i_6 \\ i_7 \\ i_8 \\ i_9
\end{bmatrix}
=
\begin{bmatrix}
220 \\ 220 \\ 220 \\ 220 \\ 220 \\ 220 \\ 220 \\ 220 \\ 220
\end{bmatrix}.
$$

将各电阻阻值代入该方程，编写 MATLAB 程序.

```
clear,clc
R1=36;R2=36;R3=36;R4=12;R5=269;R6=16;R7=12;R8=220;R9=93;
A=[R1,-R1 0 0 0 0 0 0 -R1;0 R2 -R2 0 0 0 0 0 0;0 0 R3 -R3 0 0 0 0 0;0 0
0 R4 0 0 0 0 0;0 0 0 0 -R5 0 0 0 R5;0 0 0 0 R6 -R6 0 0 0;0 0 0 0 0 R7
-R7 0 0;0 0 0 0 0 0 R8 -R8 0;0 0 0 0 0 0 0 R9 0];
B=220*ones(9,1);
i=round(A\B,1)
```

运行程序，计算得各个点的电流值如表 2.14 所示.

表 2.14　各点电流值　　　　　　　　　　　　单位：A

检测点	A	B	C	D	E	F	G	H	M
电流	72.9	30.6	24.4	18.3	35.4	21.7	3.4	2.4	36.3

从表 2.14 中计算结果可知，该家庭家电全开时，进户电流高达 72.9A，如果再加上计算机和取暖器等用电设备，入户输入电流将接近 100A. 该电流值将是设计家庭电路的重要参考值，设计能承受最高电流的线路也是安全用电的保障.

2.5.3　结果分析与模型的改进

回顾历史，随着家电产品推陈出新，用电设备种类越来越多，人们对家电需求也越来越强，一些老旧房屋电路容量远远满足不了现代家居用电需求，电路过载起火的事件时有发生.

2017 年 11 月，北京市大兴区西红门镇的一处集储存、生产、居住功能于一体的"三合一"场所发生火灾，造成 19 人死亡，8 人受伤及其他重大经济损失. 起火原因是冷库制冷设备调试过程中，铝芯电缆电气故障造成短路，引燃周围可燃物. 2018 年 6 月，达州市通川区西外镇塔沱市场发生火灾事故，过火面积约 5.1 万 m^2，造成 1 人死亡，直接经济损失 9210 余万元. 起火原因是租户自行拉接的照明电源线短路引燃下方的纸箱. 2018 年 8 月，哈尔滨市松北区某酒店发生重大火灾事故，过火面积约 400m^2，造成 20 人死亡，23 人受伤，直接经济损失 2504.8 万元. 起火原因是顶棚悬挂的风机盘管机组电气线路短路，形成高温电弧，引燃周围塑料绿植装饰材料并蔓延成灾.

以上火灾事故的直接原因是电路中电流过大或短路，这些事故时刻提醒我们关注用电安全. 那如何在安全范围内合理用电呢？

以图 2.12 家庭电路为例，假设该家庭入户铜线的横截面积为 10mm^2，按国家安全用电标准电流不能超过 50A，那么应如何合理设计家电设备？

引入设备开关变量 $f_j = \begin{cases} 0, & \text{开关连通} \\ 1, & \text{开关断开} \end{cases}$，则该问题可写成

$$(i_1 - i_2 - i_9) \times R_1 = 220f_1,$$
$$(i_2 - i_3) \times R_2 = 220f_2,$$
$$(i_3 - i_4) \times R_3 = 220f_3,$$
$$i_4 \times R_4 = 220f_4,$$
$$(i_9 - i_5) \times R_5 = 220f_5,$$
$$(i_5 - i_6) \times R_6 = 220f_6,$$
$$(i_6 - i_7) \times R_7 = 220f_7,$$
$$(i_7 - i_8) \times R_8 = 220f_8,$$
$$i_8 \times R_9 = 220f_9.$$

增加电流约束：

$$i_k \leq 50, \quad k = 1, 2, \cdots, 9.$$

假设尽可能多的设备同时工作，构建目标函数：

$$\max \quad Y = \sum_{j=1}^{9} f_j.$$

整理得：

$$\max \quad Y = \sum_{j=1}^{9} f_j,$$

s. t.

$$i_1 = \frac{220}{R_1}f_1 + \frac{220}{R_2}f_2 + \frac{220}{R_3}f_3 + \frac{220}{R_4}f_4 + \frac{220}{R_5}f_5$$
$$+ \frac{220}{R_6}f_6 + \frac{220}{R_7}f_7 + \frac{220}{R_8}f_8 + \frac{220}{R_9}f_9 \leq 50,$$

$$i_2 = \frac{220}{R_2}f_2 + \frac{220}{R_3}f_3 + \frac{220}{R_4}f_4 \leq 50,$$

$$i_3 = \frac{220}{R_3}f_3 + \frac{220}{R_4}f_4 \leq 50,$$

$$i_4 = \frac{220}{R_4}f_4 \le 50,$$

$$i_5 = \frac{220}{R_6}f_6 + \frac{220}{R_7}f_7 + \frac{220}{R_8}f_8 + \frac{220}{R_9}f_9 \le 50,$$

$$i_6 = \frac{220}{R_7}f_7 + \frac{220}{R_8}f_8 + \frac{220}{R_9}f_9 \le 50,$$

$$i_7 = \frac{220}{R_8}f_8 + \frac{220}{R_9}f_9 \le 50,$$

$$i_8 = \frac{220}{R_9}f_9 \le 50,$$

$$i_9 = \frac{220}{R_5}f_5 + \frac{220}{R_6}f_6 + \frac{220}{R_7}f_7 + \frac{220}{R_8}f_8 + \frac{220}{R_9}f_9 \le 50,$$

$$f_j = 0 \text{ 或 } 1.$$

由于自变量都为非负实数, 上述模型可简化为

$$\max \quad Y = \sum_{j=1}^{9} f_j,$$

$$\text{s. t.} \quad \sum_{j=1}^{9} \frac{220}{R_j}f_j \le 50,$$

$$f_j = 0 \text{ 或 } 1.$$

编写 LINGO 程序.

```
Model:
sets:
   Res/1..9/:R,f;
endsets
Data:
   R=36,36,36,12,269,16,12,220,93;
enddata
max=@ sum(Res:f);
@ sum(Res(j):220*f(j)/R(j))<50;
@ for(Res(j):@ bin(f(j)));
End
```

运行得

$$f_1 = f_2 = f_3 = f_5 = f_6 = f_8 = f_9 = 1, \ f_4 = f_7 = 0.$$

当设定卫生间 1 固定开启时, 即增加约束方程

$$f_4 = 1.$$

运行程序, 计算得

$$f_1 = f_2 = f_3 = f_4 = f_5 = f_8 = f_9 = 1, \ f_6 = f_7 = 0.$$

当设定厨房和卫生间 1 固定开启时, 即增加约束方程

$$f_4 = 1, \ f_6 = 1.$$

结果输出为

$$f_1 = f_2 = f_4 = f_5 = f_6 = f_8 = f_9 = 1, \ f_3 = f_7 = 0.$$

当设定厨房、卫生间 1 和卫生间 2 固定开启时, 即增加约束方程

$$f_4 = 1, \ f_6 = 1, \ f_7 = 1.$$

　　模型求解找不到最优结果，分析其原因：厨房、卫生间为用电量较大的区域，该区域所有用电设备同时使用时即使其他区域设备全部关闭，其总电流也大于 50A，不满足安全用电标准. 因此现实生活中，对于用电量较大的区域，最好分时段使用电器.

课后思考

　　家庭装修时，根据现有铜线电流核载表（见表 2.15），如何对铺设电线进行选择？

表 2.15　铜线电流核载表

铜线线径(mm^2)	1	1.5	2.5	4	6	8	14
常温下允许最大电流(A)	5	10	20	25	30	40	55

　　(1) 应如何设计电路，使得室内各电路上的载荷均满足用电安全要求？
　　(2) 如果需要增加一些用电设备，该接在线路中哪个位置用电更安全？

3

第 3 章
微分方程模型及应用

3.1 基础知识：微分方程模型概述

微分方程是伴随着微积分学一起发展起来的，它是数学联系实际的一个分支. 微积分学的奠基人牛顿(Newton)和莱布尼茨(Leibniz)都对微分方程进行过开创性的研究并发表过有关著作. 微分方程在物理、工程学、化学、生物学、经济学和日常生活等领域都有广泛的应用. 物理中许多涉及变力的运动学和动力学问题，如以空气阻力为速度函数的落体运动等问题，可以用微分方程求解. 实际生活中涉及变化率、边际、数量规律等问题可以通过求解微分方程预测其内在变化规律.

一般情况下，凡表示未知函数、未知函数的导数与自变量之间关系的方程，称为微分方程，如

$$\frac{\mathrm{d}x}{\mathrm{d}t} = x + t.$$

微分方程联系着自变量、未知函数及它的导数. 方程中所出现的未知函数的最高阶导数的阶数称为此微分方程的阶. 微分方程模型通常用于研究函数随自变量的变化规律. 例如实际生产生活中，经常选择时间作为自变量，位移、速度等物理量或者浓度、转化率等化学量作为因变量.

建立微分方程模型的方法通常有 3 种：根据规律建模、采用微元法建模和模拟近似法建模. 例如建立火箭运动方程时，根据牛顿运动定律，可建立运动微分方程：

$$m \frac{\mathrm{d}^2 r_{c \cdot m}}{\mathrm{d}t^2} = F_s + F_k^{'} + F_{rel}^{'}.$$

研究物质扩散规律时，可通过浓度变化建立微分方程模型：

$$\frac{\partial T}{\partial t} = D \frac{\partial^2 T}{\partial x^2}.$$

探索传染病传播规律时，可通过模拟传染病传播过程建立微分方程模型：

$$\frac{\mathrm{d}x}{\mathrm{d}t} = kxt.$$

微分方程模型可以根据建模方法与研究目标分为微分方程模型、差分方程模型和稳定性模型，根据应用场景可以分为人口增长模型、传染病传播模型、种群依存与竞争模型、经济增长模型、运动学模型、扩散模型、热传导模型、电路分析模型等. 常见微分方程模型的分类如图 3.1 所示.

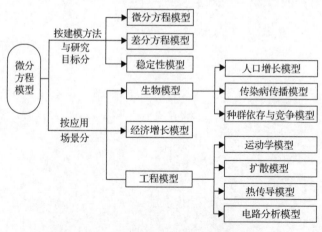

图 3.1 常见微分方程模型的分类

3.1.1　人口增长模型

人口问题是当今世界最令人关注的问题之一. 我国人口也经历过快速增长期、振荡变化期和人口增长缓慢期，同时，人口结构也动态变化. 这些变化可能会造成劳动力短缺、老龄化等社会问题. 如何预测人口数量对指导国家相关部门调整人口政策，实现国家长治久安非常重要.

1. 指数增长模型

简单的人口增长模型可以表示为

$$x_k = x_0 (1 + r)^k,$$

式中，x_0 为问题研究起始年的人口总量，x_k 为 k 年后的人口总量，r 为年增长率.

上述模型中，年增长率 r 为年平均值，不能很好地反映任意时刻的状况.

若考虑任意时刻，假设 t 时刻的人口为 $x(t)$，假设人口增长率为常数 r，即单位时间内 $x(t)$ 的增量等于 r 乘以 $x(t)$，则有

$$\frac{\mathrm{d}x}{\mathrm{d}t} = rx.$$

采用分离变量法求解得到 $x(t)$ 的原函数：

$$x(t) = x_0 \mathrm{e}^{rt}.$$

通过查阅资料，我国 2021 年前的人口数量如表 3.1 所示.

表 3.1　1908—2020 年我国人口数量统计

年份	1908	1933	1953	1964	1982	1990	2000	2010	2020
人口（亿人）	3.0	4.7	6.0	7.2	10.3	11.3	12.95	13.38	13.71

用我国 2000 年及以前的数据代入模型，对我国人口模型的增长率进行估计的 MATLAB 代码如下：

```
t=[1908 1933 1953 1964 1982 1990 2000]';
x=[3 4.7 6 7.2 10.3 11.3 12.95]';
y=log(x)
c=regress(y,[ones(size(t)),t]);
x0=exp(c(1))
r=c(2)
```

计算得 $x_0 = 1.7523\mathrm{e} - 13$，$r = 0.016$.

因此可建立我国人口增长指数模型：

$$x(t) = 1.7523 \times 10^{-13} \mathrm{e}^{0.016t}.$$

根据人口增长指数模型，绘制人口增长指数拟合图（见图 3.2）.

从图 3.2 中可以看出，2000 年前我国人口增长接近指数增长规律，但之后人口增长速度显著下降. 指数增长模型的特点是随着时间的推移，人口增长越来越快. 但实际上，对于长时间的人口预测，指数增长模型的预测结果与实际人口增长情况差距较大.

2. 阻滞增长模型（Logistic 模型）

在指数增长模型的基础上，假设人口增长率是一个随人口总数变化的线性函数：

$$r(x) = r_0 - sx,$$

式中，r_0 为固有增长率，表示人口较少时的增长率. 引入自然资源和环境条件所能容纳的最大

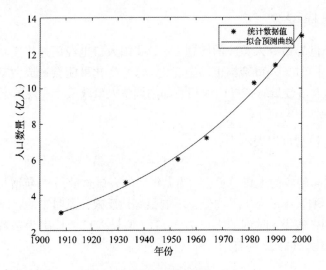

图 3.2　人口增长指数拟合图

人口数量 x_m，称人口容量. 当 $x = x_m$ 时，人口增长率为 0，则有

$$s = \frac{r_0}{x_m}.$$

代入指数增长模型，有

$$\frac{\mathrm{d}x}{\mathrm{d}t} = r_0 x \left(1 - \frac{x}{x_m}\right).$$

采用分离变量法求解得

$$x(t) = \frac{x_m}{1 + \left(\dfrac{x_m}{x_0} - 1\right) \mathrm{e}^{-r_0 t}}.$$

绘制函数曲线如图 3.3 所示.

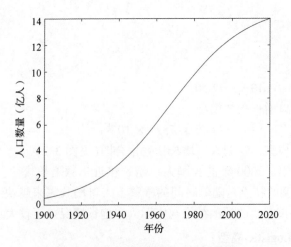

图 3.3　Logistic 模型人口增长曲线

从 Logistic 模型人口增长曲线可知，人口总量低于人口容量的 50% 时，人口增速逐步增大，

到人口总量达到人口容量的 50% 时人口增速取得最大值，然后，随着人口继续增加，增速逐步下降，直至为零.

3. 偏微分方程增长模型

指数增长模型和 Logistic 模型并未考虑人口的年龄结构，由于人口的生育期具有一定的范围，人口增长具有滞后性，因此引入人口的分布函数和密度函数.

令时刻 t 年龄小于 r 的人口称为人口分布函数，记作 $F(r,t)$，令时刻 t 的人口总数为 $N(t)$，最高年龄为 r_{m}. 根据人口增长规律，有

$$F(0,t) = 0, F(r_{\mathrm{m}},t) = N(t).$$

定义人口密度为

$$p(r,t) = \frac{\partial F(r,t)}{\partial r}.$$

令时刻 t 年龄 r 的人的死亡率为 $\mu(r,t)$，则时刻 t 年龄在 $[r, r+\mathrm{d}r]$ 内死亡的人数为 $\mu(r,t)p(r,t)\mathrm{d}r$. 而活着的人随着时间变化年龄为 $[r+\mathrm{d}t, r+\mathrm{d}t+\mathrm{d}r]$. 在 $\mathrm{d}t$ 时间内死亡的人数为 $\mu(r,t)p(r,t)\mathrm{d}r\mathrm{d}t$. 于是有

$$p(r,t)\mathrm{d}r - p(r+\mathrm{d}t, t+\mathrm{d}t)\mathrm{d}r = \mu(r,t)p(r,t)\mathrm{d}r\mathrm{d}t$$

$$\Rightarrow \frac{\partial p}{\partial r} + \frac{\partial p}{\partial t} = -\mu(r,t)p(r,t).$$

上述问题需要两个初始条件. 将时刻 t 出生的婴儿数记作 $p(0,t)$，称为婴儿的出生率，该参数可以通过各地医院的统计数据汇总得到，或者根据女性人口分布和国家生育政策、育龄人口生育欲望等数据统计得到. 时刻 0 各年龄的人口数量为 $p_0(r)$，该参数可以通过人口普查得到.

经过上述分析，人口预测问题就转变为带有初始条件的偏微分方程模型：

$$\begin{cases} \dfrac{\partial p}{\partial r} + \dfrac{\partial p}{\partial t} = -\mu(r,t)p(r,t), \\ p(r,0) = p_0(r), \\ p(0,t) = f(t), \\ t,r > 0. \end{cases}$$

3.1.2 经济增长模型

经济活动是人类社会生活的主要内容，经济发展直接影响到一个国家的各项活动. 在经济增长理论中，主要有三大理论：哈罗德-多马经济增长理论、新古典经济增长理论和新剑桥经济增长理论.

1. 柯布-道格拉斯(Cobb-Douglas)生产函数

假设某部门在时刻 t 的产值、资金和劳动力分别为 $Q(t), K(t), L(t)$，它们的关系可以表示为

$$Q(t) = F[K(t), L(t)],$$

式中，F 为待定函数，为寻求 F 的函数形式，引入因变量：

$$z = Q(t)/L(t), y = K(t)/L(t),$$

式中，z 可以解释为每个劳动力的产值，y 可以解释为每个劳动力的投资. 根据经济活动规律，z 随 y 的增加而增加，但增长速度递减. 因此可以假设

$$z = cy^a (0 < a < 1).$$

当固定时刻 t 时，产值函数可以表示为

$$Q = cK^a L^{1-a} (0 < a < 1).$$

从函数性质可知

$$\frac{\partial Q}{\partial K},\ \frac{\partial Q}{\partial L} > 0,\ \frac{\partial^2 Q}{\partial K^2},\ \frac{\partial^2 Q}{\partial L^2} < 0.$$

2. 劳动生产率增长的条件

假设投资增长率与产值成正比，比例系数为 λ，劳动力的相对增长率为常数 μ，则有

$$\frac{dK}{dt} = \lambda Q,\quad \frac{dL}{dt} = \mu L.$$

代入产值函数得

$$\frac{dK}{dt} = c\lambda L y^a,\quad \frac{dK}{dt} = L\frac{dy}{dt} + \mu L y.$$

因此有

$$\frac{dy}{dt} + \mu y = c\lambda y^a.$$

该方程为著名的伯努利(Bernoulli)方程，它的解为

$$y(t) = \left\{ \frac{c\lambda}{\mu}\left[1 - \left(1 - \mu\frac{K_0}{\dot{K}_0} \right) e^{-(1-a)\mu t} \right] \right\}^{\frac{1}{1-a}}.$$

当 $Q(t)$ 增长时，$\frac{dQ}{dt} > 0$，由 $Q = cLy^a$ 可得其等价条件

$$\left(1 - \mu\frac{K_0}{\dot{K}_0} \right) e^{-(1-a)\mu t} < \frac{1}{1-a}.$$

可得时刻 t 在一个有限范围内，即如果劳动力减少，产值只能在有限时间内保持增长.

3.1.3 烟雾扩散模型

日常生活中，爆炸、火灾等事故导致人死亡的原因大多是烟雾窒息. 因此研究烟雾扩展规律，对制定灾害疏散逃生策略具有重要意义.

假设在空中有一点向四周等强度释放烟雾，烟雾的传播服从扩散定律，即单位时间通过单位法向面积的流量与它的浓度梯度成正比. 写成数学表达式为

$$\boldsymbol{q} = - k \cdot \mathbf{grad}C,$$

式中，k 表示扩散系数，$\mathbf{grad}$ 表示梯度，负号表示由浓度高向浓度低的地方扩散.

考察空间域 Ω，其体积为 V，包围 Ω 的曲面为 S，其外法线向量为 $\boldsymbol{n}$，则在 $[t, t+\Delta t]$ 内通过 Ω 的流量表达式为

$$Q_1 = \int_t^{t+\Delta t} \iint_S \boldsymbol{q} \cdot \boldsymbol{n} d\sigma dt.$$

而 Ω 内烟雾的增量为

$$Q_2 = \iiint_V [C(x,y,z,t) - C(x,y,z,t+\Delta t)] dV.$$

由质量守恒定律得

$$Q_1 = Q_2.$$

根据曲面积分得奥氏公式:

$$\iint\limits_S \boldsymbol{q} \cdot \boldsymbol{n} \mathrm{d}\sigma = \iiint\limits_V \mathrm{div}\ \boldsymbol{q}\mathrm{d}V,$$

式中 div 表示散度, 则有

$$\frac{\partial C}{\partial t} = k\mathrm{div}(\mathbf{grad}\ C) = k\left(\frac{\partial^2 C}{\partial x^2} + \frac{\partial^2 C}{\partial y^2} + \frac{\partial^2 C}{\partial z^2}\right),\ t > 0,\ -\infty < x,y,z < +\infty.$$

由于原点向四周等强度释放烟雾, 其初始条件为作用在原点的点源函数, 可记作

$$C(x,y,z,0) = Q\delta(x,y,z).$$

求解得烟雾密度函数:

$$C(x,y,z,t) = \frac{Q}{(4\pi kt)^{3/2}} e^{-\frac{x^2+y^2+z^2}{4kt}}.$$

3.1.4　电路分析模型

在电路设计中, 通过建立微分方程模型进行求解的方法应用广泛. 现假设有一电路示意图(见图 3.4), 求电容上的电压变化函数.

现假设电路示意图左边网孔的电流为 i_1, 方向为顺时针, 外圈网孔的电流为 i_2, 方向为顺时针, 根据基尔霍夫定律列出回路方程:

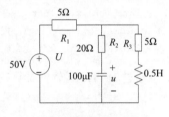

图 3.4　电路示意图

$$20C\frac{\mathrm{d}u}{\mathrm{d}t} + u + 5\left(C\frac{\mathrm{d}u}{\mathrm{d}t} + i_2\right) = 50,$$

$$5i_2 + L\frac{\mathrm{d}i_2}{\mathrm{d}t} + 5\left(C\frac{\mathrm{d}u}{\mathrm{d}t} + i_2\right) = 50.$$

化简得

$$25C\frac{\mathrm{d}u}{\mathrm{d}t} + u + 5i_2 = 50,$$

$$10i_2 + L\frac{\mathrm{d}i_2}{\mathrm{d}t} + 5\left(C\frac{\mathrm{d}u}{\mathrm{d}t}\right) = 50.$$

3.2　基本技能一: 使用 MATLAB 计算微积分与微分方程

在 MATLAB 软件中求解微积分问题分为符号微积分和数值微积分两类.

3.2.1　符号微积分

1. 符号变量的定义

命令格式: x = sym('x'). 表示定义符号变量 x.

命令格式: syms x y. 表示同时定义符号变量 x 和 y.

2. 极限计算

命令格式: limit(F,x,a). 表示计算符号表达式 F = F(x) 在 x→a 时的极限值.

命令格式：limit(F,a). 表示计算默认自变量 x(或 t)的符号表达式 F 在 x→a 时的极限值.

命令格式：limit(F). 表示计算默认自变量 x(或 t)的符号表达式 F 在 x→0 时的极限值.

命令格式：limit(F,x,a,'left'). 表示计算符号函数 F 的单侧极限：左极限 x→a-.

命令格式：limit(F,x,a,'right'). 表示计算符号函数 F 的单侧极限：右极限 x→a+.

■例 3-1 计算下列函数的极限：

(1) $\lim\limits_{x\to 0}\dfrac{\cos x - 1}{x}$;　　　　(2) $\lim\limits_{x\to 0^+}\dfrac{1}{x^2}$;　　　　(3) $\lim\limits_{x\to 0^-}\dfrac{1}{x}$;

(4) $\lim\limits_{h\to 0}\dfrac{\ln(x+h) - \ln x}{h}$;　　(5) $\lim\limits_{n\to +\infty}\left(1 + \dfrac{2}{n}\right)^{3n}$.

解 编写 MATLAB 程序如下.

```
syms x a t h n;
L1 = limit((cos(x)-1)/x)
L2 = limit(1/x^2,x,0,'right')
L3 = limit(1/x,x,0,'left')
L4 = limit((log(x+h)-log(x))/h,h,0)
L5 = limit((1+2/n)^(3*n),n,inf)
```

通过 MATLAB 软件计算得结果.

```
L1 =     0
L2 =     inf
L3 =     -inf
L4 =     1/x
L5 =     exp(6)
```

3. 导函数计算

命令格式：diff(S,'v')、diff(S, sym('v')) 表示对表达式 S 中指定符号变量 v 计算 S 的 1 阶导数.

命令格式：diff(S) 表示对表达式 S 中的符号变量 v 计算 S 的 1 阶导数，其中 v=findsym(S).

命令格式：diff(S,n) 表示对表达式 S 中的符号变量 v 计算 S 的 n 阶导数，其中 v=findsym(S).

命令格式：diff(S,'v',n) 表示对表达式 S 中指定的符号变量 v 计算 S 的 n 阶导数.

■例 3-2 计算下列表达式：

(1) $\dfrac{\partial^2(y^2\sin x^2)}{\partial x^2}$;　　　　(2) $\dfrac{\partial^3(y^2\sin x^2)}{\partial x^2\partial y}$;　　　　(3) $(t^6)^{(6)}$.

解 编写 MATLAB 程序如下.

```
syms x y t
D1 = diff(sin(x^2)*y^2,2)  % 计算
D2 = diff(D1,y)   % 计算
D3 = diff(t^6,6)
```

通过 MATLAB 软件计算得结果.

```
D1 =    -4*sin(x^2)*x^2*y^2+2*cos(x^2)*y^2
D2 =     -8*sin(x^2)*x^2*y+4*cos(x^2)*y
D3 =     720
```

4. 符号函数的积分计算

命令格式：R＝int(S,v). 表示对符号表达式 S 中指定的符号变量 v 计算不定积分. 需要注意的是，表达式 R 只是函数 S 的一个原函数，后面没有带任意常数 C.

命令格式：R＝int(S). 表示对符号表达式 S 中的符号变量 v 计算不定积分，其中 v＝findsym(S).

命令格式：R＝int(S,v,a,b). 表示对符号表达式 S 中指定的符号变量 v 计算从 a 到 b 的定积分.

命令格式：R＝int(S,a,b). 表示对符号表达式 S 中的符号变量 v 计算从 a 到 b 的定积分，其中 v＝findsym(S).

▉例 3-3　计算下列积分：

(1) $\displaystyle\int \frac{-2x}{(1+x^3)^2}\mathrm{d}x$ ；　　(2) $\displaystyle\int \frac{x}{1+z^2}\mathrm{d}z$ ；　　(3) $\displaystyle\iint \frac{x}{1+z^2}\mathrm{d}z\mathrm{d}x$ ；

(4) $\displaystyle\int_0^1 x\ln(1+x)\mathrm{d}x$ ；　　(5) $\displaystyle\int_{\sin t}^1 2x\mathrm{d}x$.

解　编写 MATLAB 程序如下.

```
syms x z t alpha
INT1 = int(-2*x/(1+x^3)^2)
INT2 = int(x/(1+z^2),z)
INT3 = int(INT2,x)
INT4 = int(x*log(1+x),0,1)
INT5 = int(2*x,sin(t),1)
```

通过 MATLAB 软件计算得结果.

```
INT1 =       -2/9/(x+1)+2/9*log(x+1)-1/9*log(x^2-x+1)-2/9*3^(1/2)*…
atan(1/3*(2*x-1)*3^(1/2))-2/9*(2*x-1)/(x^2-x+1)
INT2 =       x*atan(z)
INT3 =       1/2*x^2*atan(z)
INT4 =       1/4
INT5 =       1-sin(t)^2
```

5. 常微分方程的符号解

命令格式：r＝dsolve('eq1, eq2, …','cond1, cond2, …','v'). 表示对给定的常微分方程（组）eq1, eq2, …, 指定的符号自变量 v, 给定的边界条件和初始条件 cond1, cond2, …, 求符号解（即解析解）r. 若没有指定变量 v, 则缺省变量为 t. 在微分方程（组）的表达式 eq 中，D 表示对自变量（设为 x）的微分算子：D＝d/dx, D2＝d2/dx2, …. 微分算子 D 后面的字母则表示为因变量，即待求解的未知函数. 初始和边界条件由字符串表示，例如：y(a)＝b, Dy(c)＝d, D2y(e)＝f, 分别表示 $y(x)\big|_{x=a}=b$, $y'(x)\big|_{x=c}=d$, $y''(x)\big|_{x=e}=f$；若边界条件少于方程（组）的阶数，则返回的结果 r 中会出现任意常数 C1, C2, …. dsolve 命令最多可以接受 12 个输入参量（包括方程组与定解条件个数，当然我们可以做到输入的方程个数多于 12 个，只要将多个方程置于一字符串内即可）. 若没有给定输出参量，则在命令窗口显示解列表. 若该命令找不到解析解，则返回一警告信息，同时返回空的 sym 对象.

■例 3-4　求下列微分方程的解：

(1) $y'' - y' = e^x$；　　　　(2) $(y')^2 + y^2 = 1$；　　　　(3) $y' = ay$，$y_0 = b$；

(4) $\begin{cases} y'' = -a^2 y, \\ y_0 = 1, \\ y'|_{\pi/a} = 0; \end{cases}$　　　(5) $\begin{cases} x' = y, \\ y' = -x; \end{cases}$　　　(6) $\begin{cases} u' = u + v, \\ v' = u - v. \end{cases}$

解　编写 MATLAB 程序如下.

```
D1 = dsolve('D2y - Dy =exp(x)')
D2 = dsolve('(Dy)^2 + y^2 = 1','s')
D3 = dsolve('Dy = a*y', 'y(0) = b')           % 带一个定解条件
D4 = dsolve('D2y = -a^2*y', 'y(0) = 1', 'Dy(pi/a) = 0')   % 带两个定解条件
[x,y] = dsolve('Dx = y', 'Dy = -x')           % 求解线性微分方程组
[u,v] = dsolve('Du=u+v,Dv=u-v')
```

通过 MATLAB 软件计算得结果.

```
D1 =      -exp(x)*t+C1+C2*exp(t)
D2 =      y(t)=Int(exp(t*diff(f(t),`$`(t,2))/diff(f(t),t))*t,t)+C1
D3 = [          -1]
     [           1]
     [  sin(s-C1)]
     [ -sin(s-C1)]
D4 =      b*exp(a*t)
D5 =      cos(a*t)
x =       cos(t)*C1+sin(t)*C2
y =       -sin(t)*C1+cos(t)*C2
u =       1/2*C1*exp(2^(1/2)*t)  - 1/4*C1*2^(1/2)*exp(-2^(1/2)*t) + 1/4*C1*2^(1/2) *exp (2^(1/2)
*t) + 1/2*C1*exp(-2^(1/2)*t) - 1/4*C2*2^(1/2)*exp(-2^(1/2)*t) +  1/4*C2 *2^(1/2)*exp(2^(1/2)*t)
v =       -1/4*C1*2^(1/2)*exp(-2^(1/2)*t)+1/4*C1*2^(1/2)*exp(2^(1/2)*t)+1/2*C2*exp(2^(1/2)*t)
+1/4*C2*2^(1/2)*exp(-2^(1/2)*t)-1/4*C2*2^(1/2)*exp(2^(1/2)*t)+  1/2*C2*exp(-2^(1/2)*t)
```

3.2.2　数值微积分

1. 差分和近似导数

命令格式：dx = diff(x). 表示计算沿大小不等于 1 的第一个数组维度的 x 相邻元素之间的差分.

命令格式：Y = diff(X, n). 表示通过递归应用 diff(X)运算符 n 次来计算第 n 个差分.

命令格式：Y = diff(X, n, dim). 表示沿 dim 指定的维计算的第 n 个差分.

命令格式：FX = gradient(F). 表示返回矢量 F 的一维数值梯度.

命令格式：[FX, FY] = gradient(F). 表示返回矩阵 F 的二维数值梯度的 x 和 y 分量.

■例 3-5　求解下列差分和近似导数问题：

(1)计算 $y = \sin x$ 在区间$[-\pi, \pi]$上的一阶和二阶数值导数(步长取 0.001)，并绘制数值导数图；

(2)计算 $z = xe^{-x^2-y^2}$ 在矩形区域 $x \in [-2,2]$，$y \in [-2,2]$ 上的数值梯度(步长取 0.2)，并绘制数值梯度图.

解　根据问题，编写 MATLAB 程序如下.

```
h = 0.001;       % step size
X = -pi:h:pi;    % domain
f = sin(X);      % range
Y = diff(f)/h;   % first derivative
Z = diff(Y)/h;   % second derivative
figure(1);plot(X(:,1:length(Y)),Y,'r',X,f,'b', X(:,1:length(Z)),Z,'k')
xlabel('t');ylabel('y');
legend('sin(x)','(sin(x)''','(sin(x)'''');
x = -2:0.2:2;y = x';
z =x .* exp(-x.^2 - y.^2);
[px,py] = gradient(z);
[x,y] =meshgrid(x,y);
figure(2);quiver(x,y,px,py);
xlabel('x');ylabel('y');
```

通过 MATLAB 软件计算，绘制数值导数图和数值梯度图如图 3.5 所示.

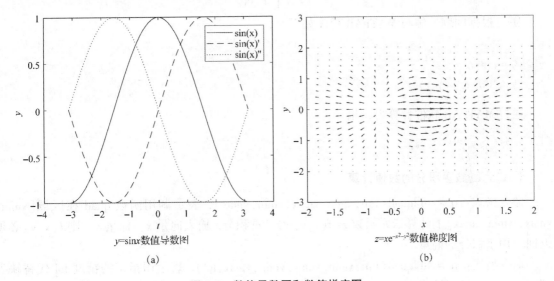

$y=\sin x$ 数值导数图　　　　　$z=x\mathrm{e}^{-x^2-y^2}$ 数值梯度图

(a)　　　　　　　　　　　　(b)

图 3.5　数值导数图和数值梯度图

2. 一元函数的数值积分

命令格式：$q = \mathrm{quad}(\mathrm{fun}, a, b)$. 表示近似地从 a 到 b 计算函数 fun 的数值积分，误差为 10^{-6}. 若给 fun 输入向量 x，应返回向量 y，即 fun 是一单值函数.

命令格式：$q = \mathrm{quad}(\mathrm{fun}, a, b, \mathrm{tol})$. 表示用指定的绝对误差 tol 代替缺省误差. tol 越大，函数计算的次数越少，速度越快，但结果精度越小.

命令格式：$q = \mathrm{quad}(\mathrm{fun}, a, b, \mathrm{tol}, \mathrm{trace}, p1, p2, \cdots)$. 表示将可选参数 p1, p2 等传递给函数 $\mathrm{fun}(x, p1, p2, \cdots)$，再作数值积分. 若 tol = [ ]或 trace = [ ]，则用缺省值进行计算.

3. 梯形法数值积分

命令格式：$T = \mathrm{trapz}(Y)$. 表示用等距梯形法近似计算 Y 的积分. 若 Y 是一向量，则 trapz(Y) 为 Y 的积分；若 Y 是一矩阵，则 trapz(Y) 为 Y 的每一列的积分；若 Y 是一多维阵列，则 trapz(Y)

沿着 Y 的第一个非单元集的方向进行计算.

命令格式：T = trapz(X,Y). 表示用梯形法计算 Y 在 X 点上的积分. 若 X 为一列向量, Y 为矩阵, 且 size(Y,1) = length(X), 则 trapz(X,Y)通过 Y 的第一个非单元集方向进行计算.

命令格式：T = trapz(…,dim). 表示沿着 dim 指定的方向对 Y 进行积分. 若参量中包含 X, 则应有 length(X) = size(Y,dim).

■**例 3-6**　采用数值积分方法计算 $y = \int_0^2 \dfrac{3x^2}{x^3 - 2x^2 + 3}\mathrm{d}x$.

解　根据问题, 编写 MATLAB 程序如下.

```
fun = inline('3* x.^2./(x.^3-2* x.^2+3)');
Q1 = quad(fun, 0, 2)
```

通过 MATLAB 软件计算得结果.

```
Q1 =3.7224
```

■**例 3-7**　采用数值积分方法计算 $y = \int_{-1}^1 \dfrac{1}{1 + 25x^2}\mathrm{d}x$.

解　根据问题, 编写 MATLAB 程序如下.

```
X = -1: .1: 1;
Y =1./(1+25* X.^2);
T = trapz(X, Y)
```

通过 MATLAB 软件计算得结果.

```
T =0.5492
```

4. 二元函数重积分的数值计算

命令格式：q = dblquad(fun,xmin,xmax,ymin,ymax). 表示调用函数 quad 在区域[xmin, xmax, ymin, ymax]上计算二元函数 z=f(x,y)的二重积分. 输入向量 x, 标量 y, 则 f(x,y)必须返回一用于积分的向量.

命令格式：q = dblquad(fun,xmin,xmax,ymin,ymax,tol). 表示用指定的精度 tol 代替缺省精度 10^{-6}, 再进行计算.

命令格式：q = dblquad(fun,xmin,xmax,ymin,ymax,tol,method). 表示用指定的算法 method 代替缺省算法 quad. method 的取值有@ quadl 或用户指定的、与命令 quad、quadl 有相同调用次序的函数句柄.

命令格式：q = dblquad(fun,xmin,xmax,ymin,ymax,tol,method,p1,p2,…). 表示将可选参数 p1,p2 等传递给函数 fun(x,y,p1,p2,…). 若 tol = [ ], method = [ ], 则使用缺省精度和算法 quad.

■**例 3-8**　采用数值积分方法计算 $z = \int_1^3 \int_5^7 \dfrac{y}{\sin x} + x\mathrm{e}^y \mathrm{d}y\mathrm{d}x$.

解　根据问题, 编写 MATLAB 程序如下.

```
fun = inline('y./sin(x)+x.*exp(y)');
Q = dblquad(fun,1,3,5,7)
```

通过 MATLAB 软件计算得结果.

```
Q =    3.8319e+003
```

5. 常微分方程(ODE)组初值问题的数值解

求解器 Solver 为命令 ode45、ode23、ode113、ode15s、ode23s、ode23t、ode23tb 之一.

命令格式：$[T,Y]$ = ode45 (odefun,tspan,y0). 表示在区间 tspan = $[t0,tf]$ 上, 从 t0 到 tf, 用初始条件 y0 求解显式微分方程 $y' = f(t,y)$. 对于标量 t 与列向量 y, 函数 f = odefun(t,y) 必须返回 f(t,y) 的列向量 f. 解矩阵 Y 中的每一行对应于返回的时间列向量 T 中的一个时间点. 若要获得问题在其他指定时间点 t0,t1,t2,… 上的解, 则令 tspan = $[t0,t1,t2,\cdots,tf]$(要求是单调的).

命令格式：$[T,Y]$ = ode45(odefun,tspan,y0,options). 表示用参数 options(用命令 odeset 生成)设置属性(代替了缺省的积分参数), 再进行操作. 常用的属性包括相对误差值 RelTol(缺省值为 1e-3)与绝对误差向量 AbsTol(每一元素的缺省值为 1e-6).

命令格式：$[T,Y]$ = ode45(odefun,tspan,y0,options,p1,p2…). 表示将参数 p1,p2,… 传递给函数 odefun, 再进行计算. 若没有参数设置, 则令 options = $[\ ]$.

求解器 Solver 与方程组的关系见表 3.2. MATLAB 提供了多种求解器 Solver, 对于不同的 ODE 问题, 可以采用不同的求解器 Solver. 不同求解器 Solver 的特点如表 3.3 所示.

表 3.2　求解器 Solver 与方程组的关系

函数指令		含义	函数指令		含义
求解器 Solver	ode23	普通 2~3 阶法解 ODE		odefile	包含 ODE 的文件
	ode23s	低阶法解刚性 ODE	选项	odeset	创建、更改求解器 Solver 选项
	ode23t	解适度刚性 ODE		odeget	读取求解器 Solver 的设置值
	ode23tb	低阶法解刚性 ODE	输出	odeplot	ODE 的时间序列图
	ode45	普通 4~5 阶法解 ODE		odephas2	ODE 的二维相平面图
	ode15s	变阶法解刚性 ODE		odephas3	ODE 的三维相平面图
	ode113	普通变阶法解 ODE		odeprint	在命令窗口输出结果

表 3.3　不同求解器 Solver 的特点

求解器 Solver	ODE 类型	特点	说明
ode45	非刚性	一步算法；4,5阶 Runge-Kutta 方程；累计截断误差达 $(\Delta x)^3$	大部分场合的首选算法
ode23	非刚性	一步算法；2,3阶 Runge-Kutta 方程；累计截断误差达 $(\Delta x)^3$	用于精度较低的情形
ode113	非刚性	多步算法；Adams 算法；高低精度均可到 $10^{-3} \sim 10^{-6}$	计算时间比 ode45 短
ode23t	适度刚性	采用梯形算法	适度刚性情形
ode15s	刚性	多步算法；Gear's 反向数值微分；中等精度	当 ode45 失效时, 可尝试使用
ode23s	刚性	一步算法；2 阶 Rosebrock 算法；低精度	当精度较低时, 计算时间比 ode15s 短
ode23tb	刚性	梯形算法；低精度	当精度较低时, 计算时间比 ode15s 短

在计算过程中, 用户可以对求解器 Solver 中的具体执行参数进行设置(如绝对误差、相对

误差、步长等). 求解器 Solver 中的 options 属性如表 3.4 所示.

表 3.4　求解器 Solver 中 options 的属性

属性名	取值	含义
AbsTol	有效值: 正实数或向量 缺省值: 1e-6	绝对误差对应于解向量中的所有元素; 向量则分别对应于解向量中的每一分量
RelTol	有效值: 正实数 缺省值: 1e-3	相对误差对应于解向量中的所有元素. 在每步(第 k 步)计算过程中, 误差估计为 $e(k) <= \max(RelTol * abs(y(k)), AbsTol(k))$
NormControl	有效值: on、off 缺省值: off	为 on 时, 控制解向量范数的相对误差, 使每步计算中满足: $norm(e) <= \max(RelTol * norm(y), AbsTol)$
Events	有效值: on、off	为 on 时, 返回相应的事件记录
OutputFcn	有效值: odeplot、odephas2、odephas3、odeprint 缺省值: odeplot	若无输出参量, 则 Solver 将执行下面操作之一: 画出解向量中各元素随时间的变化; 画出解向量中前两个分量构成的相平面图; 画出解向量中前三个分量构成的三维相空间图; 随计算过程, 显示解向量
OutputSel	有效值: 正整数向量 缺省值: [ ]	若不使用缺省设置, 则 OutputFcn 所表现的是那些正整数指定的解向量中的分量的曲线或数据. 若为缺省值, 则缺省地按上面情形进行操作
Refine	有效值: 正整数 k>1 缺省值: k=1	若 $k>1$, 则增加每个积分步中的数据点记录, 使解曲线更加光滑
Jacobian	有效值: on、off 缺省值: off	为 on 时, 返回相应的 ode 函数的 Jacobi 矩阵
Jpattern	有效值: on、off 缺省值: off	为 on 时, 返回相应的 ode 函数的稀疏 Jacobi 矩阵
Mass	有效值: none、M、M(t)、M(t,y) 缺省值: none	M: 不随时间变化的常数矩阵 M(t): 随时间变化的矩阵 M(t,y): 随时间、地点变化的矩阵
MaxStep	有效值: 正实数 缺省值: tspans/10	最大积分步长

■例 3-9　求解描述振荡器的经典范德波尔(Van der Pol)微分方程:

$$\frac{d^2 y}{dt^2} - \mu(1 - y^2)\frac{dy}{dt} + 1 = 0.$$

解　根据问题, $y(0) = 1$, $y'(0) = 0$.

编写函数文件 vanderpol.m.

```
function xprime = vanderpol(t,x)
global MU
xprime = [x(2);MU*(1-x(1)^2)*x(2)-x(1)];
```

再在命令窗口中执行.

```
global MU
MU = 7;
Y0 = [1;0]
```

```
[t,x] = ode45('vanderpol',0,40,Y0);
x1=x(:,1);x2=x(:,2);
plot(t,x1,t,x2)
```

3.3 基本技能二：MATLAB 偏微分方程工具箱的应用

MATLAB 中的偏微分方程工具箱(Partial Differential Equation Toolbox)提供了利用有限元分析求解结构力学、热传递和一般偏微分方程(PDE)的函数. 该工具箱包含下列 7 个模块：结构力学模块——解决线性静态、瞬态、模态分析和频率响应问题；热传递模块——分析组件的温度分布以应对热管理问题；电磁模块——对电子电气元件的设计进行电磁分析；一般 PDE 模块——求解工程和科学常见应用中的 PDE 问题；几何结构与网格划分模块——定义几何结构并将其离散化以建立有限元模型；可视化和后处理模块——从结果中计算派生和插值数据，并创建绘图和动画；FEA 工作流程的自动化、集成和共享模块——在 MATLAB 中实现有限元分析(FEA)工作流程的自动化、集成和共享.

3.3.1 一般 PDE：薄板中的非线性热传递

本小节通过薄板中的非线性热传递问题计算来演示如何处理 PDE 问题中的非线性. 对薄板的传热分析之前，假设有一边长为 1m 的方形铜板，其厚度为 1cm，温度沿底边固定为 100℃. 没有热量从其他三个边缘传递(即它们是绝缘的)，热量只能通过对流和辐射从板的顶面和底面传递. 热传递分析包括稳态和瞬态分析，在稳态分析中，主要关注铜板达到平衡状态后不同点的最终温度；在瞬态分析中，重点关注铜板中的温度随时间的变化，最终解答铜板需要多长时间才能达到平衡温度.

1. 创建模型并设置模型参数

(1)设置薄板参数.

```
k = 400;% 铜的导热系数, W/(m-K)
rho = 8960;% 铜的密度, kg/m^3
specificHeat = 386;% 铜的比热, J/(kg-K)
thick = .01;% 薄板厚度, m
stefanBoltz = 5.670373e-8;% 斯特凡-玻尔兹曼常数, W/(m^2-K^4)
hCoeff = 1;% 对流系数, W/(m^2-K)
ta = 300; % 假设环境温度为 300°C.
emiss = .5;% 板表面的发射率
```

(2)使用单个因变量创建 PDE 模型.

```
numberOfPDE = 1;
model = createpde(numberOfPDE);
```

(3)定义几何网格.

```
width = 1;
height = 1;
gdm = [3 4 0 width width 0 0 0 height height]';
g = decsg(gdm,'S1', ('S1')');
```

（4）将 DECSG 几何体转换为几何体对象.

```
PDEModelgeometryFromEdges(model,g);
```

（5）绘制几何图形并显示边缘标签，如图 3.6 所示.

```
figure;
pdegplot(model,'EdgeLabels','on');
axis([-.1 1.1 -.1 1.1]);
title'Geometry With Edge Labels Displayed';
```

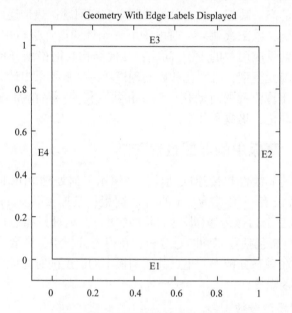

图 3.6　显示边缘标签的几何图形

（6）设置系数.

```
c = thick*k;
```

（7）设置辐射边界条件.

```
a = @ (~,state) 2*hCoeff + 2*emiss*stefanBoltz*state.u.^3;
f = 2*hCoeff*ta + 2*emiss*stefanBoltz*ta^4;
d = thick*rho*specificHeat;
specifyCoefficients(model,'m',0,'d',0,'c',c,'a',a,'f',f);
applyBoundaryCondition(model,'dirichlet','Edge',1,'u',1000);
```

（8）指定初始温度.

```
setInitialConditions(model,0);
```

（9）创建三角单元网格，绘制网格图形，如图 3.7 所示.

```
hmax = .1;% element size
msh = generateMesh(model,'Hmax',hmax);
figure;
```

```
pdeplot(model);
axisequal
title'Plate With Triangular Element Mesh'
xlabel'X-coordinate, meters'
ylabel'Y-coordinate, meters'
```

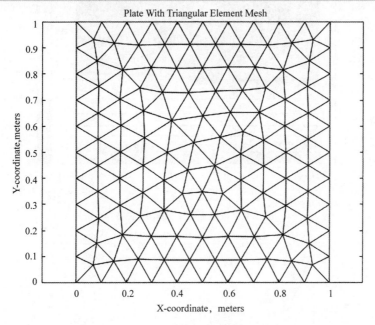

图 3.7　三角单元网格图形

2. 模型稳态分析

（1）采用 solvepde 函数自动选择非线性求解器来求解，并绘制解图像，如图 3.8、图 3.9 所示.

```
R = solvepde(model);
u = R.NodalSolution;
figure;
pdeplot(model,'XYData',u,'Contour','on','ColorMap','jet');
title'Temperature In The Plate, Steady State Solution'
xlabel'X-coordinate, meters'
ylabel'Y-coordinate, meters'
axisequal
p = msh.Nodes;
plotAlongY(p,u,0);
title'Temperature As a Function of the Y-Coordinate'
xlabel'Y-coordinate, meters'
ylabel'Temperature, degrees-Kelvin'
```

（2）输出求解结果.

```
fprintf(['Temperature at the top edge of the plate ='...
     '% 5.1f degrees-K \n'],u(4));
Temperature at the top edge of the plate = 449.8 degrees-K
```

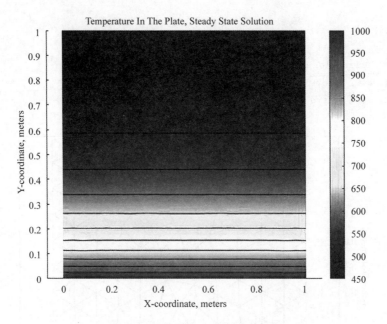

图 3.8　板内温度，稳态解决方案

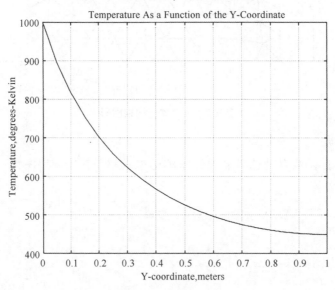

图 3.9　温度关于 Y 坐标的函数关系

3. 模型暂态分析

```
specifyCoefficients(model,'m', 0,'d', d,'c', c,'a', a,'f', f);
endTime = 5000;
tlist = 0: 50: endTime;
numNodes = size(p, 2);
```

（1）将所有节点的初始温度设置为环境温度.

```
u0(1:numNodes) = 300;
```

（2）设置底部边缘 E1 上的初始温度.

```
setInitialConditions(model,1000,'Edge',1);
```

（3）设置求解器.

```
model.SolverOptions.RelativeTolerance = 1.0e-3;
model.SolverOptions.AbsoluteTolerance = 1.0e-4;
```

（4）使用 solvepde 解决问题，求解器会自动选取抛物线求解器来获得解，如图 3.10、图 3.11 所示.

```
R = solvepde(model,tlist);
u = R.NodalSolution;
figure;
plot(tlist,u(3, :));
gridon
title ['Temperature Along the Top Edge of '...
     'the Plate as a Function of Time']
xlabel'Time, seconds'
ylabel'Temperature, degrees-Kelvin'
figure;
pdeplot(model,'XYData',u(:,end),'Contour','on','ColorMap','jet');
title(sprintf(['Temperature In The Plate,'...
            'Transient Solution( % d seconds) \n'], tlist(1,end)));
xlabel'X-coordinate, meters'
ylabel'Y-coordinate, meters'
axisequal;
fprintf(['\nTemperature at the top edge(t = % 5.1f secs) = '...
     '% 5.1f degrees-K \n'],tlist(1,end),u(4,end));
```

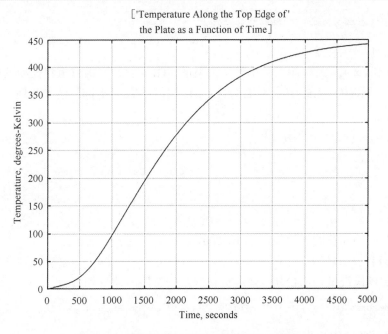

图 3.10　顶部边缘的温度关于时间的函数关系

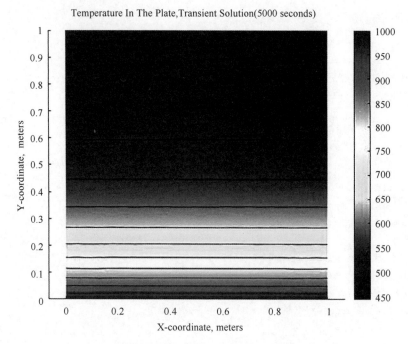

图 3.11　板内温度，瞬态解决方案

3.3.2　结构力学的线性静态分析：托架的挠度分析

（1）创建结构分析模型.

线性静态分析的第一步是创建结构分析模型. 模型包含几何、结构材料属性、阻尼参数、体载荷、边界载荷、边界约束、超单元接口、初始位移和速度以及网格等要素. 模型创建命令如下.

```
model = createpde('structural','static-solid');
```

（2）导入几何.

使用 importGeometry 函数导入简单支架模型的 STL 文件. 该函数重建模型的面、边和顶点. 它可以合并一些面和边，因此数字可能与原 CAD 模型的数字不同. 导入几何、绘制几何图形命令如下.

```
importGeometry(model,'BracketWithHole.stl');
figure
pdegplot(model,'FaceLabels','on')
view(30, 30);
title('Bracket with Face Labels')
```

绘制的带有面部标签的支架如图 3.12 所示.

（3）指定材料的结构特性.

指定材料的杨氏模量和泊松比. 指定材料的结构特性的命令如下：

```
structuralProperties(model,'YoungsModulus', 200e9, 'PoissonsRatio', 0.3);
```

（4）应用边界条件和载荷.

该问题有两个边界条件：背面（面 4）是固定的，正面有外加载荷；默认情况下，所有其他边界条件都是自由边界. 然后在负方向(面 8)施加分布载荷.

```
structuralBC(model,'Face',4,'Constraint','fixed');
structuralBoundaryLoad(model,'Face',8,'SurfaceTraction',[0;0;-1e4]);
```

(5)生成网格.

生成并绘制网格图, 如图 3.13 所示.

```
generateMesh(model);
figure
pdeplot3D(model)
title('Mesh with Quadratic Tetrahedral Elements');
```

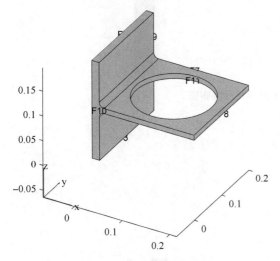

图 3.12　带有面部标签的支架　　　　图 3.13　支架二次四面体元素的网格图

(6)计算解决方案.

使用 solve 函数计算解.

```
result = solve(model)
```

(7)检查解决方案.

求支架的最大挠度.

```
minUz = min(result.Displacement.uz);
fprintf('Maximal deflection in the z-direction is % g meters.', minUz)
```

(8)绘制位移分量.

绘制解向量的分量. 绘图程序使用 jet 颜色图, 其中蓝色代表最低值, 红色代表最高值. 支架加载导致面 8 下沉, 因此最大位移显示为蓝色.

```
figure
pdeplot3D(model,'ColorMapData',result.Displacement.ux)
title('x-displacement')
colormap('jet')
```

支架 x 方向挠度分布图如图 3.14 所示.

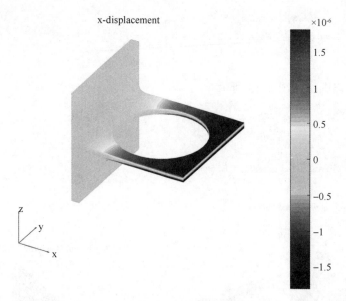

图 3.14 支架 x 方向挠度分布图

```
figure
pdeplot3D(model,'ColorMapData', result.Displacement.uy)
title('y-displacement')
colormap('jet')
```

支架 y 方向挠度分布图如图 3.15 所示.

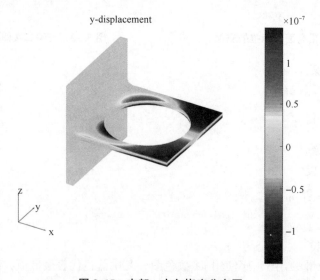

图 3.15 支架 y 方向挠度分布图

```
figure
pdeplot3D(model,'ColorMapData', result.Displacement.uz)
title('z-displacement')
colormap('jet')
```

支架 z 方向挠度分布图如图 3.16 所示.

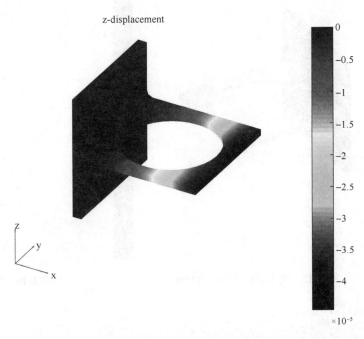

z-displacement

图 3.16　支架 z 方向挠度分布图

(9) 绘制范式等效应力.

绘制节点位置处的范式等效应力值, 其分布图如图 3.17 所示.

```
figure
pdeplot3D(model,'ColorMapData', result.VonMisesStress)
title('von Mises stress')
colormap('jet')
```

3.3.3　热传递: 圆柱杆中的热分布

本问题是研究棒体内部的传热机理. 假设有一圆柱棒, 棒底部有一热源, 顶部温度恒定, 由于对流, 棒的外表面与环境进行热交换. 另外, 由于放射性衰变, 棒本身会产生热量.

1. 稳态分析

(1) 创建轴对称问题的稳态热模型.

```
thermalModelS = createpde('thermal','steadystate-axisymmetric');
g = decsg([3 4 0 0 .2 .2 -1.5 1.5 1.5 -1.5]');
geometryFromEdges(thermalModelS, g);
```

(2) 绘制几何图形, 如图 3.18 所示.

```
figure
pdegplot(thermalModelS,'EdgeLabels','on')
axisequal
```

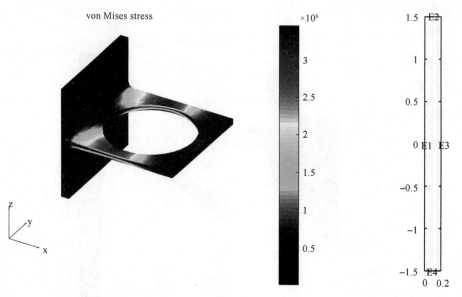

图 3.17　支架范式等效应力分布图　　　　图 3.18　圆柱杆几何图形

（3）设置模型参数.

```
k = 40;% Thermal conductivity, W/(m*C)
rho = 7800;% Density, kg/m^3
cp = 500;% Specific heat, W*s/(kg*C)
q = 20000;% Heat source, W/m^3
```

（4）指定材料的热导率.

```
thermalProperties(thermalModelS,'ThermalConductivity',k);
```

（5）指定热源.

```
internalHeatSource(thermalModelS,q);
```

（6）定义边界条件.

```
thermalBC(thermalModelS,'Edge',2,'Temperature',100);
thermalBC(thermalModelS,'Edge',3,...
'ConvectionCoefficient',50,...
'AmbientTemperature',100);
thermalBC(thermalModelS,'Edge',4,'HeatFlux',5000);
```

（7）绘制网格图，如图 3.19 所示.

```
msh = generateMesh(thermalModelS);
figure
pdeplot(thermalModelS)
axisequal
```

（8）求解模型并绘制结果，如图 3.20 所示.

```
result = solve(thermalModelS);
T = result.Temperature;
```

```
figure
pdeplot(thermalModelS,'XYData',T,'Contour','on')
axisequal
title'Steady-State Temperature'
```

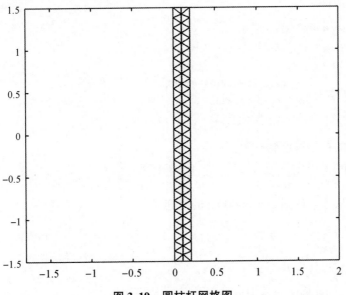

图 3.19 圆柱杆网格图

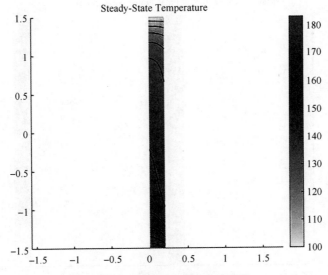

图 3.20 圆柱杆稳态温度分布图

2. 暂态分析

（1）轴对称问题的瞬态热模型.

```
thermalModelT = createpde('thermal','transient-axisymmetric');
g = decsg([3 4 0 0.2 .2 -1.5 1.5 1.5 -1.5]');
geometryFromEdges(thermalModelT,g);
thermalModelT.Mesh = msh;
```

（2）指定材料的热导率、质量密度和比热容.

```
thermalProperties(thermalModelT,'ThermalConductivity',k,...
                             'MassDensity',rho,...
                             'SpecificHeat',cp);
```

（3）定义边界条件.

```
internalHeatSource(thermalModelT,q);
thermalBC(thermalModelT,'Edge',2,'Temperature',100);
thermalBC(thermalModelT,'Edge',3,...
                     'ConvectionCoefficient',50,...
                     'AmbientTemperature',100);
thermalBC(thermalModelT,'Edge',4,'HeatFlux',5000);
```

（4）指定棒中的初始温度为 0 ℃.

```
thermalIC(thermalModelT,0);
```

（5）计算时间从 $t = 0$ 到 $t = 50000$ s 的瞬态解.

```
tfinal = 50000;
tlist = 0:100:tfinal;
result = solve(thermalModelT,tlist);
```

（6）绘制 $t = 50000$s 处的暂态温度分布，如图 3.21 所示.

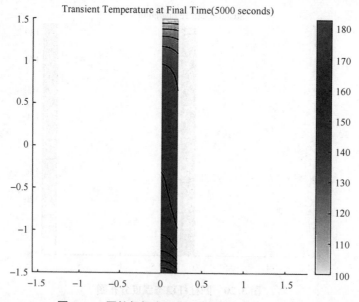

图 3.21 圆柱杆暂态温度分布图($t = 50000$ s 处)

```
T = result.Temperature;

figure
pdeplot(thermalModelT,'XYData',T(:,end),'Contour','on')
```

```
axisequal
title(sprintf(['Transient Temperature'...
              ' at Final Time (% g seconds)'],tfinal))
```

(7)求杆底面的温度：从中心轴向外表面计算.

```
Tcenter = interpolateTemperature(result,[0.0;-1.5],1:numel(tlist));
Touter = interpolateTemperature(result,[0.2;-1.5],1:numel(tlist));
figure
plot(tlist,Tcenter)
holdon
plot(tlist,Touter,'--')
title'Temperature at the Bottom as a Function of Time'
xlabel'Time(s)'
ylabel'Temperature(℃)'
gridon
legend('Center Axis','Outer Surface','Location','SouthEast')
```

底面温度随时间的变化如图 3.22 所示.

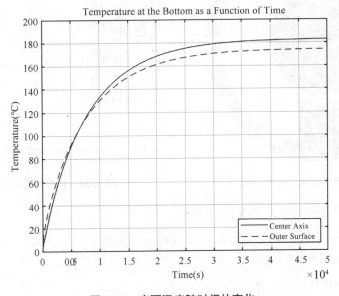

图 3.22 底面温度随时间的变化

3.3.4 静电和静磁：两极电动机的磁场

本问题是研究两极电动机中定子绕组感应的静磁场分布问题. 假设电动机很长且末端效应可以忽略不计，这时可以将其视作一个图 3.23 所示的二维模型. 几何体由三个区域组成：

①两个铁磁件，即定子和转子，由变压器钢制成；
②定子和转子之间的气隙；
③承载直流电流的电枢铜线圈.

(1)创建两极电动机模型.

```
pdecirc(0,0,1,'C1')
pdecirc(0,0,0.8,'C2')
pdecirc(0,0,0.6,'C3')
pdecirc(0,0,0.5,'C4')
pdecirc(0,0,0.4,'C5')
pderect([-0.2 0.2 0.2 0.9],'R1')
pderect([-0.1 0.1 0.2 0.9],'R2')
pderect([0 1 0 1],'SQ1')
[d1,bt1] = decsg(gd,sf,ns);
pdegplot(d1,'EdgeLabels','on','FaceLabels','on')
```

两极电动机边界标识如图 3.24 所示.

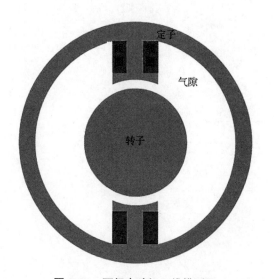

图 3.23 两极电动机二维模型图

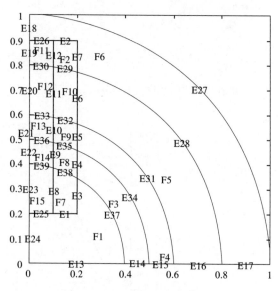

图 3.24 两极电动机边界标识图

（2）绘制生成的几何图形，如图 3.25 所示.

```
[d2,bt2] = csgdel(d1,bt1,[1 3 8 25 7 2 12 26 30 33 4 9 34 10 31]);
pdegplot(d2,'EdgeLabels','on','FaceLabels','on')
```

（3）创建静磁分析的电磁模型.

```
emagmodel = reatepde('electromagnetic','magnetostatic');
geometryFromEdges(emagmodel,d2);
```

（4）指定真空渗透率.

```
emagmodel.VacuumPermeability = 1.2566370614E-6;
```

（5）指定与几何体的面 3 和面 4 相对应的气隙和铜线圈的相对磁导率.

```
electromagneticProperties(emagmodel,'RelativePermeability',...
                    1, 'Face',[3 4]);
```

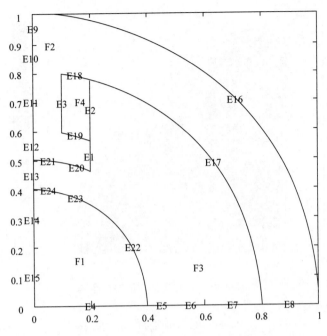

图 3.25　两极电动机的几何图形

（6）指定与几何体的面 1 和面 2 相对应的定子和转子的相对磁导率.

```
electromagneticProperties(emagmodel,'RelativePermeability', ..., 5000,'Face', [1 2]);
```

（7）指定线圈中的电流密度.

```
electromagneticSource(emagmodel,'CurrentDensity',10,'Face',4);
electromagneticBC(emagmodel,'MagneticPotential',0,...
            'Edge',[16 9 10 11 12 13 14 15]);
```

（8）绘制图像.

```
generateMesh(emagmodel);
```

（9）求解模型并绘制磁势，如图 3.26 所示.

```
R = solve(emagmodel);
figure
pdeplot(emagmodel,'XYData',R.MagneticPotential,'Contour','on')
title'Magnetic Potential'
figure
pdeplot(emagmodel,'XYData',R.MagneticPotential, ...
            'FlowData',[R.MagneticField.Hx, ...
                    R.MagneticField.Hy],...
            'Contour','on', ...
            'FaceAlpha',0.5)
title'Magnetic Potential and Field'
```

两极电动机的磁势和磁场图，如图 3.27 所示.

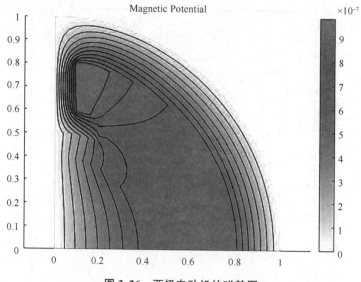

图 3.26　两极电动机的磁势图

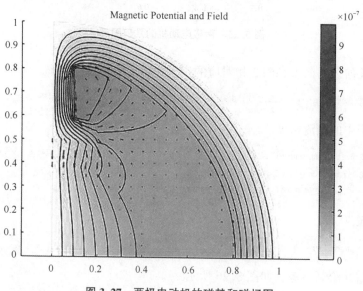

图 3.27　两极电动机的磁势和磁场图

3.4　实践创新一：汽车减振器的工作原理与性能分析

3.4.1　问题的提出

　　公路是人们出行的重要基础设施. 截至 2021 年末, 我国公路总里程达 528 万千米, 其中高速公路里程 16.9 万千米, 高速公路网络覆盖了 98.8% 的城区人口 20 万以上的城市及地级行政中心, 连接了全国约 88% 的县级行政区和约 95% 的人口. 公路的建设与汽车工业的发展相辅相成. 截至 2022 年 9 月底, 全国汽车保有量达 3.15 亿辆, 汽车驾驶人 4.61 亿人.

　　回顾中国家用汽车工业的发展. 1950 年 3 月, 重工业部成立汽车工业筹备组, 开展建设第一汽车制造厂的前期准备工作. 1958 年 4 月, 中国第一辆国产小轿车东风 CA71 在第一汽车制造厂诞生. 此后, 历经 60 多年的努力, 中国汽车工业已形成具备生产多种轿车、载货车、客车和专用汽车, 汽油与柴油车用发动机、汽车零部件、相关工业、汽车销售及售后服务、汽车金融及保险等完整汽车产业体系.

　　如今, 汽车已经进入普通家庭, 乘坐的舒适性也得到极大提升. 乘坐汽车时, 如果遇到坑洼路面、道路减速带等路况, 从车外看车轮颠簸程度较大, 但在车内的乘客感受并没有这么明显. 这就是汽车减振器发挥了重要作用. 汽车减振器是连接车轮与车身的悬挂系统, 通常由振动阻尼器和两端固定支架组成. 其工作原理是: 当车架与车桥作往复相对运动时, 减振器中的活塞在缸筒内也作往复运动, 减振器壳体内的油液便反复地从一个内腔通过一些窄小的孔隙流入另一内腔, 孔壁与油液间的摩擦及液体分子内的摩擦便形成对振动的阻尼力, 使车身和车架的振动能量转化为热能, 被油液和减振器壳体吸收, 并传递到大气中.

3.4.2　问题的抽象及模型的建立

　　本小节将通过物理知识和弹性力学原理建立理想状态下的数学模型, 分析筒式减振器两端的运动规律.

　　整车 7 自由度模型如图 3.28 所示. 当汽车对称于其纵轴线时, 汽车车身只有垂直振动 z 和俯仰振动 φ 对平顺性影响最大. 这时, 可将模型简化成双轴汽车 4 自由度平面模型.

　　由此, 先建立单个车轮的减振模型.

　　如图 3.29 所示, 简化的悬架模型对应的车身质量为 m_2、弹簧刚度为 k、减振器阻尼系数为 c, q 为路面不平度函数, 它是以沿路前进方向的坐标 x 为参数的随机函数.

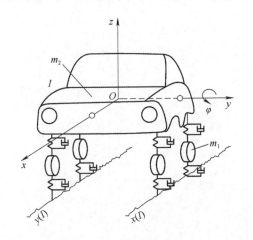
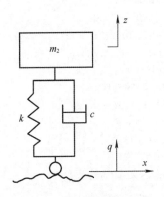

图 3.28　整车 7 自由度模型　　　　图 3.29　单个车轮减振模型

　　取车身垂直位移坐标 z 的原点作为静力平衡位置, 以 z 轴方向为正, 在 t 时刻, 车身产生 $\mathrm{d}z/\mathrm{d}t$ 的瞬时位移量, 路面不平度函数产生 $\mathrm{d}q/\mathrm{d}t$ 的瞬时位移量.

　　弹簧产生的瞬时拉伸长度为

$$\Delta l = z - q.$$

　　根据胡克定律, 其产生的作用力为

$$F_1 = k\Delta l = k(z - q).$$

　　阻尼器产生的瞬时拉伸长度变化率为

$$\Delta l = \frac{\mathrm{d}z}{\mathrm{d}t} - \frac{\mathrm{d}q}{\mathrm{d}t}.$$

阻尼器是对位置变化产生瞬时阻力，其产生的作用力为

$$F_2 = c\Delta l = c\left(\frac{\mathrm{d}z}{\mathrm{d}t} - \frac{\mathrm{d}q}{\mathrm{d}t}\right).$$

以质量 m_2 为研究对象，其受到的作用力为

$$F_合 = -F_1 - F_2.$$

根据牛顿运动定理有

$$m_2 \frac{\mathrm{d}^2 z}{\mathrm{d}t^2} = -F_1 - F_2$$

$$\Rightarrow m_2 \frac{\mathrm{d}^2 z}{\mathrm{d}t^2} = k(q - z) + c\left(\frac{\mathrm{d}q}{\mathrm{d}t} - \frac{\mathrm{d}z}{\mathrm{d}t}\right)$$

$$\Rightarrow m_2 \frac{\mathrm{d}^2 z}{\mathrm{d}t^2} + c\frac{\mathrm{d}z}{\mathrm{d}t} + kz = kq + c\frac{\mathrm{d}q}{\mathrm{d}t}.$$

即单个车轮减振模型.

当路面不平度函数 $q \equiv 0$ 时，汽车的自振动微分方程为

$$m_2 \frac{\mathrm{d}^2 z}{\mathrm{d}t^2} + c\frac{\mathrm{d}z}{\mathrm{d}t} + kz = 0.$$

3.4.3 模型的求解与结果分析

假设汽车单轮承载的质量为 $500\mathrm{kg}$，弹簧的刚度为 $3000\mathrm{N/m}$，减振器阻尼系数为 $5000\mathrm{N \cdot s/m}$，在 MATLAB 软件编写程序如下.

```
function jianzhen1
m2=500;k=3000;c=5000;
[t,z]=ode45(@ fun,[0:0.01:10],[0 1],[],m2,k,c);
plot(t,z(:,1),'-k',t,z(:,2),'--k');
xlabel('时间(s)')
ylabel('输出位移和速度')
legend('位移(m)','速度(m/s)')
end
function f=fun(t,x,m2,k,c)
f(1)=x(2);
f(2)=(-c*x(2)-k*x(1))/m2;
f=f(:);
end
```

运行程序得到输出位移与时间、速度与时间之间的关系如图3.30所示.

当路面不平度函数 q 为一脉冲信号(例如过一个坑或单个减速带)时，汽车的自振动微分方程为

$$m_2 \frac{\mathrm{d}^2 z}{\mathrm{d}t^2} + c\frac{\mathrm{d}z}{\mathrm{d}t} + kz = c\delta(t),$$

式中，$\delta(t)$ 为脉冲函数.

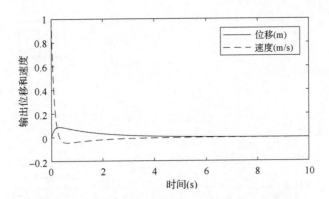

图 3.30 车身输出位移和速度随时间变化曲线图

由此建立了汽车减振器的微分方程模型，然后在 MATLAB 里构建 Simulink 状态模型进行仿真，研究各系数对其性能的影响，如图 3.31 所示.

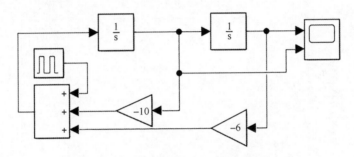

图 3.31 减振器的 Simulink 状态模型

示波器的输出结果如图 3.32 所示.

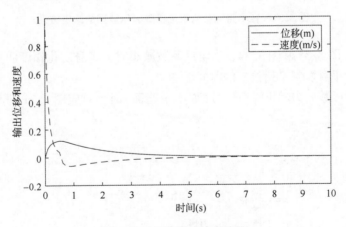

图 3.32 示波器的输出结果

从图 3.32 中可以看出，当路面上有单个小坑或减速带时，汽车经过时，由于减振器作用，其车身振动较小.

减小弹簧的刚度后，输出结果如图 3.33 所示.

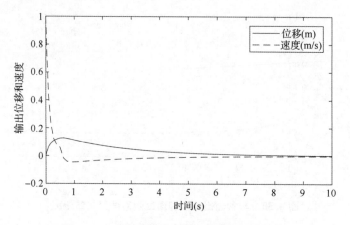

图 3.33 减小弹簧刚度后示波器的输出结果

减小阻尼器的阻尼系数后，输出结果如图 3.34 所示.

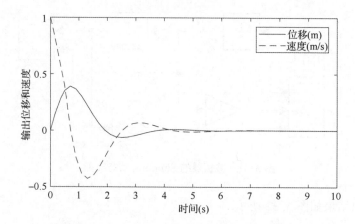

图 3.34 减小阻尼器的阻尼系数后示波器的输出结果

对比图 3.32、图 3.33 和图 3.34，当阻尼系数减小时，车身变化幅度明显增大；当减小弹簧的弹性系数时，车身恢复平衡位置的时间增加.

当路面不平度函数 q 为随机噪声信号（如不平路面）时，对应图 3.31 的 Simulink 状态模型如图 3.35 所示.

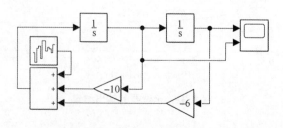

图 3.35 随机噪声信号输入下减振器的 Simulink 状态模型

示波器的输出结果如图 3.36 所示.

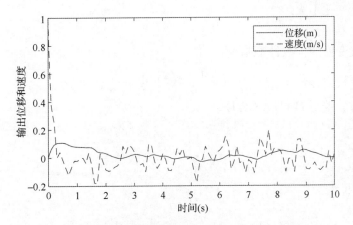

图 3.36 地面为随机噪声信号时示波器的输出结果

减小弹簧刚度后，输出结果如图 3.37 所示.

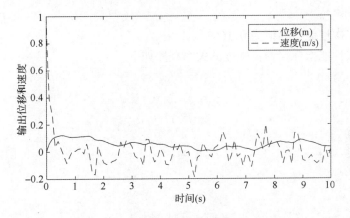

图 3.37 减小弹簧刚度后示波器的输出结果

减小阻尼器的阻尼系数后，示波器的输出结果如图 3.38 所示.

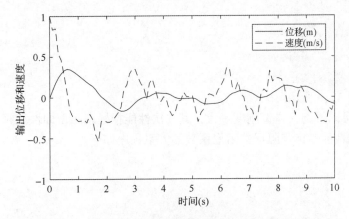

图 3.38 减小阻尼器的阻尼系数后示波器的输出结果

对比图 3.36、图 3.37 和图 3.38，当阻尼系数减小后，车身变化幅度明显增大；当减小弹簧的刚度后，车身变化不大.

如何衡量减振器的性能呢?

构建车身位置变换的二次性能指标:

$$J = \int_0^t |Z(\tau)| d\tau .$$

回到零输入时，编写 MATLAB 程序.

```
function jianzhen2
m2=500;k=3000;c=5000;
[t,z]=ode45(@ fun,[0:0.01:10],[0 1],[],m2,k,c);
J=trapz(t,abs(z(:,1)))
end
function f=fun(t,x,m2,k,c)
f(1)=x(2);
f(2)=(-c*x(2)-k*x(1))/m2;
f=f(:);
end
```

计算得到其二次性能指标值为 0.1664.

编写分析二次性能指标与弹簧强度的关系程序如下.

```
function jianzhen3
m2=500;c=5000;
k=10:10:3000;
for i=1:length(k)
[t,z]=ode45(@ fun,[0:0.01:10],[0 1],[],m2,k(i),c);
J(i)=trapz(t,abs(z(:,1)));
end
plot(k,J);
xlabel('弹簧刚度(N/m)')
ylabel('系统二次性能指标')
end
function f=fun(t,x,m2,k,c)
f(1)=x(2);
f(2)=(-c*x(2)-k*x(1))/m2;
f=f(:);
end
```

计算结果如图 3.39 所示.

从图 3.39 中可以得到，弹簧刚度越大，其二次性能指标越小，即性能越好.

编写分析二次性能指标与阻尼器阻尼系数的关系程序如下.

```
function jianzhen4
m2=500;k=3000;c=5000;
c=10:10:5000;
for i=1:length(c)
[t,z]=ode45(@ fun,[0:0.01:10],[0 1],[],m2,k,c(i));
J(i)=trapz(t,abs(z(:,1)));
end
```

```
plot(c,J);
xlabel('阻尼器的阻尼系数(N*s/m)')
ylabel('系统二次性能指标')
end
function f=fun(t,x,m2,k,c)
f(1)=x(2);
f(2)=(-c*x(2)-k*x(1))/m2;
f=f(:);
end
```

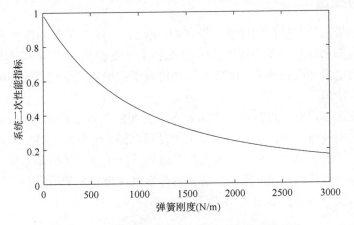

图 3.39　弹簧刚度与系统二次性能指标变化关系

计算结果如图 3.40 所示.

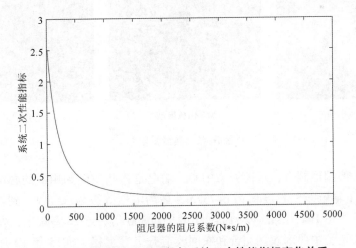

图 3.40　阻尼器的阻尼系数与系统二次性能指标变化关系

从图 3.40 中可以得到, 阻尼器的阻尼系数越大, 其二次性能指标越小, 性能越好. 阻尼器的作用速度比弹簧的作用速度更快.

综上所述, 对于一个正常工作的减振器, 其值变化大小和速率都随系统参数变化而变化. 对于刚度较大、阻尼系数较大的减振器来说, 减振器效果较好. 但其生产成本情况如何, 是否容易造成物理裂变? 这都是需要思考的问题.

如果你是汽车减振器的设计人员，如何构建4个车轮不在同一规律下的乘客振动模型？如果考虑减振器的生产成本和载荷，又该如何设计减振器？

3.5　实践创新二：电力输送过程与故障分析

3.5.1　问题的提出

电是电荷运动带来的一种自然现象，早在18世纪，约瑟夫·普利斯特里和查尔斯·库仑就发现了带电体内部和相互关系的规律；19世纪初期，安德烈·玛丽·安培和詹姆斯·麦克斯韦等进一步发现电流和电磁规律. 1832年，法国科学家毕克西发明直流发电机，拉开了电用于人们生产生活的序幕.

我国电力工业起步较晚，1879年，上海市英资公司的7.46kW柴油发电机试运转成功，第一次用电弧光灯照亮外滩，开启了中国电力工业发展之路. 中华人民共和国成立后，电力工业飞速发展，火电、水电、风电、核电和太阳能发电等一个个项目不断刷新世界纪录. 目前中国发电厂装机容量和发电量均居世界第一，载入世界发电建设史上的项目有三峡水电站、秦山核电站和格尔木太阳能公园等，如图3.41所示.

(a)三峡水电站　　　　(b)秦山核电站　　　　(c)格尔木太阳能公园

图3.41　典型发电站

发电站选址一般因地制宜，远离城市中心，输电是连接发电到用电的必由途径. 1949年，我国35千伏及以上输电线路长度仅为6475km，最高电压等级为220kV，到2019年，35千伏及以上输电线路长度达194万km，较1949年增长约300倍. 近20多年来，国家电网先后实施农网改造、城网改造、中西部农网完善和农网改造升级等工程. 2015年12月，青海果洛藏族自治州班玛县果芒村和玉树藏族自治州曲麻莱县长江村合闸通电，标志着全国"全民用电"最终实现. 2019年9月，昌吉—古泉±1100kV高压直流输电工程投入运行，成为目前世界上电压等级最高、输送距离最远、输送容量最大的输电工程.

在享受电力和各种电器设备给我们的生产、生活带来便利的同时，你是否思考过电力是如何从发电厂输送到用电单位的，电力是如何到达千家万户的.

3.5.2　问题的抽象及模型的建立

对于长距离输配电情况, 下面以某山区乡镇输电干线为例, 假设该乡镇有 6 个村庄需要输电, 输电线路采用总线方式连接, 输电干线连接示意图如图 3.42 所示.

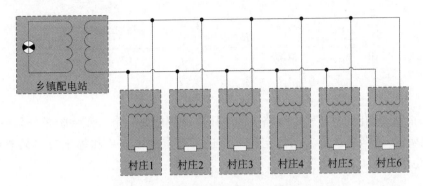

图 3.42　某山区乡镇输电干线连接示意图

可根据高中物理和大学电路课程的知识, 建立理想状态下的输电电路数学模型, 分析输电线路上的电流随时间的变化规律.

假设该乡镇使用 35kV 输电, 到达各村庄后经过末级变压器向各家各户供电. 以一个村庄为研究对象, 将一个村庄抽象的一个用电终端, 则该终端用电理想电路图如图 3.43 所示.

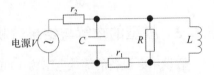

图 3.43　某村庄终端用电理想电路图

如图 3.43 所示, 电源电压为 V, 流经电容 C 的电流为 i_C, 流经电阻 R 上的电流为 i_R, 流经电感 L 上的电流为 i_L, 根据安培定理, 流经电阻 R 上的电压电流关系为

$$V_R = i_R R,$$

流经电容 C 上的电压电流关系为

$$i_C = C \frac{\mathrm{d}V_C}{\mathrm{d}t},$$

流经电感 L 上的电压电流关系为

$$V_L = L \frac{\mathrm{d}i_L}{\mathrm{d}t}.$$

依据基尔霍夫电压定律: 沿着闭合回路所有元件两端的电势差(电压)的代数和等于零. 列回路电压方程如下.

$$V_R = V_L,$$
$$V_C = V_R + (i_R + i_L) \times r_1,$$
$$V = V_C + (i_R + i_L + i_C) \times r_2.$$

代入得

$$V_C = L \frac{\mathrm{d}i_L}{\mathrm{d}t} + \left(\frac{L}{R} \frac{\mathrm{d}i_L}{\mathrm{d}t} + i_L \right) \times r_1,$$

$$V = V_C + \left(\frac{L}{R} \frac{\mathrm{d}i_L}{\mathrm{d}t} + i_L + C \frac{\mathrm{d}V_C}{\mathrm{d}t} \right) \times r_2.$$

整理得

$$\frac{\mathrm{d}i_L}{\mathrm{d}t} = \frac{V_C - i_L r_1}{L + \dfrac{Lr_1}{R}} = R\frac{V_C - i_L r_1}{LR + Lr_1} = \frac{R}{LR + Lr_1}V_C - \frac{Rr_1}{LR + Lr_1}i_L,$$

$$\frac{\mathrm{d}V_C}{\mathrm{d}t} = \frac{V - V_C - i_L r_2 - \dfrac{Lr_2}{R}\dfrac{\mathrm{d}i_L}{\mathrm{d}t}}{Cr_2} = \frac{V - V_C - i_L r_2 - r_2\dfrac{V_C - i_L r_1}{R + r_1}}{Cr_2}$$

$$= \frac{V}{Cr_2} - \frac{R + r_1 + r_2}{C(R + r_1)r_2}V_C - \frac{R}{C(R + r_1)}i_L.$$

由此可知，理想化的村庄输电线路中的电压电流规律为一个二元一阶微分方程组. 电源端的输出电流为 i，依据基尔霍夫电流定律：流进某节点的电流总和等于流出某节点的电流总和，列节点电流方程：

$$i = i_L + i_R + i_C = i_L + \frac{L}{R}\frac{\mathrm{d}i_L}{\mathrm{d}t} + C\frac{\mathrm{d}V_C}{\mathrm{d}t}.$$

当该村庄的供电电源为 220V 交流电压时，求得电路的电压电流关系如下：

$$\frac{\mathrm{d}V_C}{\mathrm{d}t} = \frac{V\sin(100\pi t)}{Cr_2} - \frac{R + r_1 + r_2}{C(R + r_1)r_2}V_C - \frac{R}{C(R + r_1)}i_L.$$

3.5.3　模型的求解与结果分析

假设用电设备的等效电阻为 100Ω，等效电感为 10H，远距离输电线等效电阻为 1.5Ω，输电线等效电容为 2×10^{-4}F，求电压与电流随时间的关系可根据 3.5.2 小节最后的电压电流模型编写 MATLAB 程序如下.

```
function dianlu_ UI
V=220;R=100;r1=3;r2=1.5;C=2*1e-9;L=10;
[t,x]=ode45(@ fun,0:0.1:10,[0 0],[],V,R,r1,r2,C,L);
VL=gradient(x(:,1),t);
ic=gradient(x(:,2),t);
i=x(:,1)+VL*L/R+C*ic;
plot(t,i);
end
function f=fun(t,x,V,R,r1,r2,C,L)
f(1)=R/L/(R+r1)*x(2)-R*r1/L/(R+r1)*x(1);
f(2)= V*sqrt(2)*sin(100*pi*t)/C/r2 -(R+r1+r2)/C/(R+r1)/r2*x(2)-R/C/(R+r1)*x(1);
f=f(:);
end
```

运行该程序后得到输出电流与时间的变化关系如图 3.44 所示.

根据 3.5.2 小节中提到的乡镇输电干线网络，将图 3.42 网络理想化为图 3.45 所示的等效电路图，由此可通过 6 个回路构建十二元一阶微分方程组，得到各连接点前后电压、电流的变化规律.

现实生活中，人们有时收到停电通知，有的是因为用电高峰期进行错峰供电；更多的是因为电路故障，作业人员需对线路及时抢修，而不得不进行停电作业.

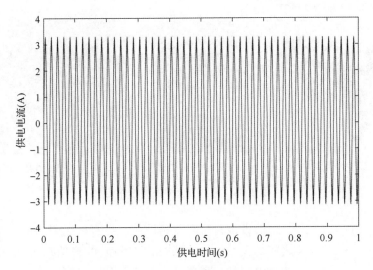

图 3.44　输出电流随时间变化关系

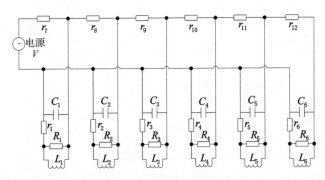

图 3.45　某乡镇输电理想等效电路图

历史上，国内外都遭遇过一些重大供电事故．2003 年 8 月，美国东北部和加拿大东部地区因设备故障和人为原因大面积停电 29h，事故波及 5000 万人，直接经济损失 400 多亿美元．2008 年 2 月前后，我国南方地区遭受 50 年一遇的冰雪极端天气，导致湖南、江西等地的电网设备大面积损坏，450 万人生活受到影响，直接经济损失 400 多亿元．2012 年 7 月，印度查谟市大规模停电，造成全国交通陷入混乱，超过 300 列火车停运，银行系统瘫痪，印度东北部6.7 亿人受到影响．

为保障输电安全，需要预先制订检修计划，定期安排人员沿输电线路进行安全检查．当检查发现电力故障时，应立即投入人力对电力设备进行维修维护．图 3.46 反映了电力工人在户外环境中检修作业的状况．是不是只能通过人力对电力设备进行检修呢？能不能改进现有作业工具和作业方法？是否可简化作业流程，保证检修效果的同时，更大地提升作业人员的安全？下面将通过探究电路中电压、电流的变化规律，来分析输电线路是否出现故障，以此简化作业流程并进行安全操作．

早在 2003 年，不少科研人员就开始致力于智能电网的研究．截至 2020 年，全国智能电网建设投入总额近 4 亿元，配电自动化、变电自动化、调度自动化等智能设备陆续投入电网应用，较大程度地减少了安全事故．那么这些智能设备的工作原理是怎样的呢？当输电线路出现短路时，会出现什么现象呢？

(a)冰灾塔台倒塌维修 (b)电线杆上带电作业 (c)架空线高空作业

图 3.46 电力工人户外检修作业

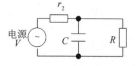

图 3.47 村庄用电简化电路图

假设该村没有电感设备, 只有电阻设备时, 输电电流和电阻之间的关系如何? 通过以上假设可将图 3.43 所示电路图简化为两个电阻和一个电容串并联关系, 如图 3.47 所示.

根据基尔霍夫定律, 列图 3.47 所示简化电路电压平衡方程为

$$V\sin(100\pi t) = V_C + (i_R + i_C) \times r_2 = V_C + \left(\frac{V_C}{R} + C\frac{\mathrm{d}V_C}{\mathrm{d}t}\right) \times r_2$$

$$\Rightarrow Cr_2\frac{\mathrm{d}V_C}{\mathrm{d}t} = V\sin(100\pi t) - \left(1 + \frac{r_2}{R}\right)V_C$$

$$\Rightarrow \frac{\mathrm{d}V_C}{\mathrm{d}t} = \frac{V}{Cr_2}\sin(100\pi t) - \frac{R+r_2}{CRr_2}V_C.$$

进一步假设负载电阻为自变量 R, 输出电流的峰值为因变量, 在设计程序时可以采用 Euler 方法, 由于可能出现短路电流无限大的情况, 所以增设输出限幅 500A, 采用遍历方法设计计算程序如下.

```
function dianlu_UI1
V=220; r2=1.5; C=2* 1e-4; I0=[];
R0=0: 0.01: 100;
for R=R0
    if(R<1)
    t=0: 0.0001: 0.1; x=[];
        for j=1: length(t)
            if(j==1)x(j)=(t(2)-t(1))* fun(t(j), 0, V, R, r2, C);
            else x(j)=x(j-1)+(t(j)-t(j-1))* fun(t(j), x(j-1), V, R, r2, C);
            end
        end
    else
        [t, x]=ode45(@ fun, [0, 1], 0, [], V, R, r2, C);
    end
    ic=C* gradient(x, t);
    i=x/R+ic;
    if(max(i)>500)I0=[I0, 500];
    else I0=[I0, max(i)];
```

```
        end
end
plot(R0, I0);
xlabel('负载电阻（Ω)');
ylabel('峰值电流（A)');
end
function f=fun(t, x, V, R, r2, C)
f=V* sqrt(2)* sin(100* pi* t)/C/r2-(R+r2)/C/(R+eps)/r2* x;
end
```

运行程序得到输出电流与时间的变化规律如图 3.48 所示.

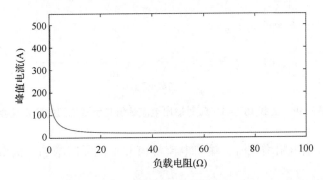

图 3.48　负载 0~100Ω 时输出电流峰值与负载电阻的变化规律

从图 3.48 中可以看出，当负载电阻比较小时，电路上电流非常大，即可认为电路短路，此时输出电流限幅峰值 500A. 当负载电阻增加到一定值时，输出电流开始下降，并且下降速度逐步放缓. 当负载达到正常水平时，输出电流基本稳定. 由此将输入电阻在 $10^{-4} \sim 10^{8}\,\Omega$ 之间进行对数等间距产生模拟点，程序如下.

```
function dianlu_ UI2
V=220; r2=1.5; C=2* 1e-4; I0=[];
R0=logspace(-4, 8, 100000);
for R=R0
    if(R<1)
    t=0: 0.0001: 0.1; x=[];
        for j=1: length(t)
            if(j==1) x(j)=(t(2)-t(1))* fun(t(j), 0, V, R, r2, C);
            else x(j)=x(j-1)+(t(j)-t(j-1))* fun(t(j), x(j-1), V, R, r2, C);
            end
        end
    else
        [t, x]=ode45(@ fun, [0, 1], 0, [], V, R, r2, C);
    end
    ic=C* gradient(x, t);
    i=x/R+ic;
    if(max(i)>500) I0=[I0, 500];
    else I0=[I0, max(i)];
    end
```

```
end
semilogx ( R0, I0 ) ;
xlabel ('负载电阻（Ω)') ;
ylabel ('峰值电流（A)') ;
end
```

运行程序得到输出电流与时间的变化规律如图 3.49 所示.

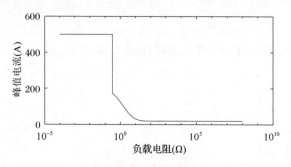

图 3.49 负载 $10^{-4} \sim 10^8 \, \Omega$ 时输出电流峰值与负载电阻的变化规律

从图 3.49 可知，当电阻增大时，输出电流峰值并不能无限增加，输出电流会稳定在什么地方呢?

当电阻 R 断路时，电流模型为

$$\frac{\mathrm{d}V_C}{\mathrm{d}t} = \frac{V}{Cr_2}\sin(100\pi t) - \frac{1}{Cr_2}V_C.$$

设计计算程序如下.

```
function dianlu_ UI3
V=220;r2=1.5;C=2*1e-4;R=0;
[t,x]=ode45(@ fun,[0,1],0,[],V,R,r2,C);
plot(t,x)
xlabel ('时间(s)') ;
ylabel ('输出电流(A)') ;
end
function f=fun ( t,x,V,R,r2,C )
f=V*sqrt ( 2 ) *sin ( 100*pi*t ) /C/r2-1/C/r2*x;
end
```

运行程序得到的输出电流与时间的变化规律如图 3.50 所示.

即负载断路时，其输出电流峰值为 309.83A.

综上所述，对于一个正常工作的输电线路，其工作电流在一定范围内相对稳定. 而当其输出电流持续较大时，就可以判断该电路中可能存在异常，特别是当电路电流持续一段时间在电路异常特定点时，就可以判断这个异常点对应的设备可能出现短路(或断路)故障. 工作人员就可以直接到指定点进行维护，由此大大减轻了电力检修人员的日常巡线工作量，这也是智能电网利用在线监测数据来判断电路故障的一个例子.

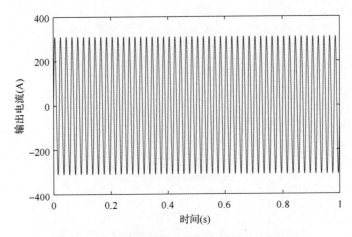

图 3.50　负载断路时输出电流与时间的变化规律

课后思考

如果你是电力企业的管理人员，应如何设计监测点，使得系统能准确判定案例中所述乡镇电网的电力故障？

如果考虑检测设备的成本，又该如何规划监测系统？

4

第 4 章
统计模型及应用

4.1　基础知识：统计模型概述

统计模型(Stochastic Model, Statistic Model, Probability Model)指以概率论为基础, 采用统计方法建立的模型. 有些过程无法用理论分析方法导出其模型, 但可通过实验测定数据, 经过数理统计求得各变量之间的函数关系, 即为统计模型. 统计模型的意义在于对大量随机事件的规律性做推断时仍然具有统计性, 因而称为统计推断. 常用的统计模型按统计方法可分为最大似然估计和最大后验概率估计等, 按函数特征可分为一般线性模型、广义线性模型和混合模型, 按统计目的又可分为假设检验、方差分析、回归分析、判别分析、聚类分析、主成分分析、特征分析和因子分析等, 如图 4.1 所示.

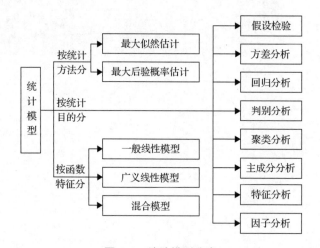

图 4.1　统计模型分类

随着计算机技术的快速发展, 越来越多的信息企业围绕统计中的辅助计算问题开发了应用软件, 常用的统计模型软件有 SPSS、SAS、Stata、SPLM、Epi Info、Statistica 等. MATLAB 软件也开发了统计工具箱, 这为研究人员在统计模型的辅助计算上提供了方便.

4.1.1　最大似然估计

最大似然估计(Maximum Likelihood Estimation, MLE)是一种求估计量的方法. 最大似然估计使用概率模型, 其目标是寻找能够以较高概率产生观察数据的系统发生树. 最大似然估计是一类完全基于统计的系统发生树重建方法的代表.

给定一个概率分布 D, 假定其概率密度函数(连续分布)或概率聚集函数(离散分布)为 f_D, 以及一个分布参数 θ, 从这个分布中抽出一个具有 n 个值的样本 $X_1, X_2, \cdots, X_n$, 其观测值分别为 $x_1, x_2, \cdots, x_n$, 利用 f_D, 计算其概率

$$P = (x_1, x_2, \cdots, x_n) = f_D(x_1, x_2, \cdots, x_n; \theta).$$

此时 θ 的值不确定, 但这些样本数据来自于分布 D. 那么如何才能估计出 θ 呢？ 一个自然的想法是从这个分布中抽出具有 n 个值的样本 $X_1, X_2, \cdots, X_n$, 然后用这些样本观测值来估计 θ.

从数学上实现最大似然估计法, 首先定义可能性

$$L(\theta) = f_D(x_1, x_2, \cdots, x_n; \theta),$$

并且在 θ 的所有取值上，使这个函数最大化. 这个使可能性最大的值即被称为 θ 的**最大似然估计**.

基于对似然函数 $L(\theta)$ 形式(一般为连乘式且各因式>0)的考虑，求 θ 的最大似然估计的一般步骤如下.

(1)写出似然函数

总体 X 为离散型时：

$$L(\theta) = \prod_{i=1}^{n} p(x_i;\theta).$$

总体 X 为连续型时：

$$L(\theta) = \int_{x_0}^{x_1} p(x;\theta)\,\mathrm{d}x.$$

(2)对似然函数两边取对数

总体 X 为离散型时：

$$\ln L(\theta) = \prod_{i=1}^{n} \ln p(x_i;\theta).$$

总体 X 为连续型时：

$$\ln L(\theta) = \int_{x_0}^{x_1} \ln p(x;\theta)\,\mathrm{d}x.$$

(3)令 $\ln L(\theta)$ 的导数为零

$$\frac{\mathrm{d}\ln L(\theta)}{\mathrm{d}\theta} = 0.$$

此方程为对数似然方程，方程解即未知参数 θ 的最大似然估计值.

4.1.2　最大后验概率估计

在贝叶斯统计中，最大后验概率估计是后验概率分布的众数. 利用最大后验概率估计可以获得对实验数据中无法直接观察到的量的点估计. 它与最大似然估计中的经典方法有密切关系，但是它使用了一个增广的优化目标，进一步考虑了被估计量的先验概率分布. 所以最大后验概率估计可以看作是规则化(Regularization)的最大似然估计.

假设我们需要根据观测值 x，估计没有观察到的总体参数 θ，那么让 f 作为 x 的概率分布，则 $f(x|\theta)$ 就是总体参数为 θ 时 x 的概率.

函数 $\theta \mapsto f(x|\theta)$ 即似然函数，其估计 $\hat{\theta}_{\mathrm{MLE}}(x) = \arg\max_{\theta} f(x;\theta)$ 就是最大似然估计.

假设存在一个先验分布 $g(\theta)$，这就允许我们将 θ 作为贝叶斯统计中的随机变量，这样 θ 的后验分布就是

$$\theta \mapsto \frac{f(x;\theta)g(\theta)}{\int_{\Theta} f(x;\theta)g(\theta)\,\mathrm{d}\theta}.$$

最大后验概率估计是估计 θ 为这个随机变量的后验分布的众数

$$\hat{\theta}_{\mathrm{MAP}}(x) = \arg\max_{\theta} f(x;\theta)g(\theta) = \arg\max_{\theta} \frac{f(x;\theta)g(\theta)}{\int_{\Theta} f(x;\theta)g(\theta)\,\mathrm{d}\theta}.$$

后验分布的分母与 θ 无关，所以在优化过程中不起作用. 注意：当先验分布 $g(\theta)$ 是常数时，最大后验概率估计与最大似然估计重合.

最大后验概率估计可以用以下方法计算：解析法、共扼积分法或牛顿法等数值优化方法.

4.1.3 统计描述与绘图

统计描述与绘图研究如何用科学的方法去搜集、整理、分析经济和社会发展的实际数据，并通过统计学所特有的统计指标和指标体系，表明所研究的社会经济现象的规模、水平、速度、比例和效益，以反映社会经济现象发展规律在一定时间、地点、条件下的作用，描述社会经济现象数量之间的关系和变动规律. 它们也是进一步学习其他相关学科的基础.

常用的统计描述有几何平均值、调和平均值、算术平均值、中值、截尾均值、极差、方差、标准差、k 阶中心矩、协方差、相关系数、峰度和偏度等. 设 x_1，x_2，$\cdots,x_n$ 是来自总体 X 的一个样本. 下面分别给出常用的统计描述的计算方法.

1. 几何平均值

$$m_1 = \Big[\prod_{i=1}^{n} x_i\Big]^{\frac{1}{n}}.$$

2. 调和平均值

$$m_2 = \frac{n}{\sum\limits_{i=1}^{n} \dfrac{1}{x_i}}.$$

3. 算术平均值

$$\bar{x} = \frac{1}{n} \sum_{i=1}^{n} x_i.$$

4. 中值与截尾均值

当样本数量为奇数时，中值是指依次成对去除一个最大和一个最小值后，最后留下的一个数；当样本数量为偶数时，中值是指成对依次去除一个最大和一个最小值后，最后留下两个数再取平均值得到的一个数.

当对样本进行排序后，去掉两端的部分极值，然后对剩下的数据求算术平均值，即截尾均值.

5. 极差

$$d = \max\{x_i \mid i = 1,2,\cdots,n\} - \min\{x_i \mid i = 1,2,\cdots,n\}.$$

6. 方差

统计描述中，通常将样本的方差记作 S^2，将总体的方差记作 σ^2. 概率分布中，通常将总体 X 的方差记作 $D(X)$ 或 $\mathrm{Var}(X)$.

$$S^2 = \frac{1}{n-1} \sum_{i=1}^{n} (x_i - \bar{x})^2.$$

7. 标准差

与方差类似，统计描述中，通常将样本的标准差记作 S，将总体的标准差记作 σ.

$$S = \sqrt{S^2} = \sqrt{\frac{1}{n-1} \sum_{i=1}^{n} (x_i - \bar{x})^2}.$$

8. k 阶中心矩

$$B_k = \frac{1}{n} \sum_{i=1}^{n} (x_i - \bar{x})^k .$$

9. 协方差

设有两个总体 X 和 Y, 则可基于数学期望定义 X 和 Y 的协方差:

$$\mathrm{Cov}(X,Y) = E\{[X - E(X)][Y - E(Y)]\} .$$

10. 相关系数

设有两个总体 X 和 Y, 定义 X 和 Y 的相关系数:

$$\rho_{XY} = \frac{\mathrm{Cov}(X,Y)}{\sqrt{D(X)D(Y)}} .$$

11. 峰度

设总体 X 的数学期望为 μ, 标准差为 σ, 则可定义峰度:

$$k_f = \frac{E(X - \mu)^4}{\sigma^4} .$$

12. 偏度

与峰度类似, 定义偏度:

$$k_p = \frac{E(X - \mu)^3}{\sigma^3} .$$

4.1.4　假设检验

假设检验的基本思想是小概率原理, 其统计推断方法是带有某种概率性质的反证法. 小概率原理是指小概率事件在一次试验中基本上不会发生. 反证法思想是先提出检验假设, 再用适当的统计方法, 利用小概率原理, 确定假设是否成立. 即为了检验一个假设 H_0 是否正确, 首先假定该假设 H_0 正确, 然后根据样本对假设 H_0 做出接受或拒绝的决策. 如果样本观测值导致了小概率事件发生, 就应拒绝假设 H_0, 否则应接受假设 H_0.

假设检验的一般步骤如下.

(1) 提出检验假设, 又称无效假设, 符号是 H_0; 备择假设的符号是 H_1.

H_0: 样本与总体或样本与样本间的差异是由抽样误差引起的.

H_1: 样本与总体或样本与样本间存在本质差异.

预先设定的检验水平为 α, 即检验假设为真, 但被错误地拒绝的概率为 α. 通常取 $\alpha = 0.05$ 或 $\alpha = 0.01$.

(2) 选定统计方法, 由样本观测值按相应的公式计算出统计量的大小, 如 Z、T 等. 根据资料的类型和特点, 可分别选用 Z 检验、t 检验、秩和检验和卡方检验等.

(3) 根据统计量的大小及其分布确定检验假设成立的可能性 P 的大小并判断结果. 若 $P > \alpha$, 结论为按所取 α 检验水平不显著, 不拒绝 H_0, 即认为差异很可能是由于抽样误差造成的, 在统计上不成立; 如果 $P \leqslant \alpha$, 结论为按所取 α 检验水平显著, 拒绝 H_0, 接受 H_1, 即认为此差异不大可能仅由抽样误差所致, 很可能是实验因素不同造成的. P 值的大小可通过查阅相应的临界值表得到.

假设检验应注意以下问题.

(1)做假设检验之前，应注意资料本身是否有可比性.

(2)当差别有统计学意义时，应注意这样的差别在实际应用中有无意义.

(3)根据资料类型和特点选用正确的假设检验方法.

(4)根据专业及经验确定是选用单侧检验还是双侧检验.

(5)判断结论时不能绝对化，应注意无论接受或拒绝检验假设，都有判断错误的可能性.

常用的检验方法有以下 3 种.

1. u 检验(Z 检验)

u 检验又叫 Z 检验，是一种用来评估两个独立的顺序数据样本是否来自同一个总体的非参数检验. 使用 u 检验，首先需要将两个独立样本的数据转化为其所在合并样本中的名次(顺序数据)，然后检验基于两样本名次计算出的 u 值，以此来评估两组的平均名次间是否具有显著差异.

若样本含量 n 较大，或 n 虽小但总体标准差 σ 已知，用 u 检验. u 检验以 u 分布为基础，u 分布是 t 分布的极限分布，当样本含量较大时(如 $n > 60$)，t 分布近似 u 分布，t 检验等同 u 检验. u 分布和 u 检验也称 Z 分布和 Z 检验. u 检验统计量公式为

$$u = \frac{|\overline{X} - \mu_0|}{\sigma_{\overline{X}}} = \frac{|\overline{X} - \mu_0|}{\sigma / \sqrt{n}},$$

式中，$\overline{X}$ 为样本均值，μ_0 为总体均值，n 为样本大小. 称 $S_{\overline{X}} = S/\sqrt{n}$ 为标准误差的估计值；$\sigma_{\overline{X}} = \sigma / \sqrt{n}$ 为标准误差的理论值.

在成组设计的两样本均数比较的统计量 u 值计算中，需计算出两样本均数差的标准误差，因此统计量 u 的计算公式为

$$u = \frac{|\overline{X}_1 - \overline{X}_2|}{S_{\overline{X}_1 + \overline{X}_2}} = \frac{|\overline{X}_1 - \overline{X}_2|}{\sqrt{S_1^2/n_1 + S_2^2/n_2}}.$$

2. t 检验

t 检验，亦称 Student t 检验(Student's t test)，主要用于样本含量较小(如 $n<30$)，总体标准差 σ 未知的正态分布. t 检验是用 t 分布理论来推论差异发生的概率，从而比较两个平均值的差异是否显著. 它与 F 检验、卡方检验并列.

t 检验可分为单个样本的 t 检验和双总体检验，以及配对样本检验.

(1)单个样本的 t 检验.

t 检验是用小样本检验总体参数，特点是在总体标准差未知的情况下，可以检验样本均值的显著性. 对于单个正态总体且标准差未知的情况，用下面的统计量来检验其平均值的显著性(假设样本均值与总体均值相等，即 $\mu = \mu_0$).

$$T = \sqrt{n}\, \frac{\overline{X} - \mu_0}{S},$$

式中，S 为样本标准差，$\overline{X}$ 为样本均值，μ_0 为总体均值，n 为样本大小.

当原假设成立时，上面的统计量应该服从自由度为 $n - 1$ 的 t 分布.

(2)两个样本的 t 检验.

进行两个独立正态总体样本均值的比较时，根据方差齐与不齐两种情况，应用不同的统计量进行检验.

方差不齐时，统计量为

$$T = \frac{\overline{X}_1 - \overline{X}_2}{\sqrt{S_1^2/n_1 + S_2^2/n_2}},$$

式中，$\overline{X}_1$ 和 $\overline{X}_2$ 表示两个样本各自的均值，S_1^2 和 S_2^2 表示两个样本各自的方差，n_1 和 n_2 表示两个样本各自的大小.

方差齐时，统计量为

$$T = \frac{\overline{X}_1 - \overline{X}_2}{S_w \sqrt{1/n_1 + 1/n_2}},$$

式中，S_w 为两个样本的标准差，它是两个样本方差和的加权平均值的平方根：

$$S_w = \sqrt{\frac{(n_1 - 1)S_1^2 + (n_2 - 1)S_2^2}{n_1 + n_2 + 1}}.$$

当两个总体的均值差异不显著时，统计量 T 应该服从自由度为 $n_1 + n_2 - 2$ 的 t 分布.

3. F 检验

F 检验（F-test），又叫联合假设检验（Joint Hypotheses Test）、方差比率检验、方差齐性检验. 它是一种在零假设（Null Hypothesis）之下，统计值服从 F 分布的检验. 它通常是用来分析使用超过一个参数的统计模型，以判断该模型中的全部或一部分参数是否适合用来估计总体.

两个正态总体的样本方差为

$$S_1^2 = \frac{1}{n_1 - 1} \sum_{i=1}^{n_1} (x_i - \overline{x}_1),$$

$$S_2^2 = \frac{1}{n_2 - 1} \sum_{i=1}^{n_2} (x_i - \overline{x}_2).$$

计算 F：

$$F = \frac{S_1^2}{S_2^2}.$$

比较计算得到的 F 与查表得到的 $F_表$，如果 $F < F_表$，表明两组数据没有显著差异；如果 $F \geqslant F_表$，表明两组数据存在显著差异.

4.1.5 方差分析

方差分析（Analysis of Variance，ANOVA）又称变异数分析，用于两个及两个以上样本均值差别的显著性检验.

事件的发生往往与多个因素相关，但各个因素对事件发生的影响可能是不一样的，而且同一因素的不同水平对事件发生的影响也不同. 通过方差分析，可以研究不同因素以及因素的不同水平对事件发生的影响程度. 根据变量个数的不同，方差分析可以分为单因子方差分析和多因子方差分析.

1. 单因子方差分析

一项试验有多个影响因素，如果只有一个因素在发生变化，则称为单因子方差分析，其基本原理为：假设某一试验有 s 个不同条件，则在每个条件（或称水平）下进行试验，可得到 s 个总体，分别标记为 $X_1, X_2, \cdots, X_s$，各个总体的平均值表示为 $\mu_1, \mu_2, \cdots, \mu_s$，各个总体的方差表示为 $\sigma_1^2, \sigma_2^2, \cdots, \sigma_s^2$. 现在，在这 s 个总体服从正态分布且方差相等的情况下检验各总体的平均值是否相等，即检验假设 H_0：$\mu_1 = \mu_2 = \cdots = \mu_s$. 当假设 H_0 成立时，认为该因素对试验结果之间没有显著影响.

当假设 H_0 成立时，统计量

$$F = \frac{MS_A}{MS_E} = \frac{SS_A / \mathrm{d}f_A}{SS_E / \mathrm{d}f_E}$$

服从第 1 自由度为组间自由度. 第 2 自由度为组内自由度 的 F 分布. 式中，SS_A 为组间离差平方和，SS_E 为组内离差平方和，$\mathrm{d}f_A = s - 1$ 为组间自由度，$\mathrm{d}f_E = n - s$ 为组内自由度，MS_A 为组间均方差，MS_E 为组内均方差.

2. 多因子方差分析

当有多个因素同时影响实验结果时，采用多因子方差分析. 进行多因子方差分析，需要对离差平方和进行分解. 对于两个因素的情况分析如下.

(1) 当多个因素没有交互作用时，离差平方和 SS 分解为

$$SS = SS_A + SS_B + SS_E,$$

式中，SS_A 为 A 因子的离差平方和，SS_B 为 B 因子的离差平方和，SS_E 为误差平方和.

同样，自由度也要做相应的分解. A 因子对应的自由度为 $\alpha - 1$(α 为 A 因子的水平数)，B 因子对应的自由度为 $\beta - 1$(β 为 B 因子的水平数)，误差项对应的自由度为 $n - \alpha - \beta + 1$(n 为试验次数).

(2) 当多个因素存在交互作用时，离差平方和 SS 分解为

$$SS = SS_A + SS_B + SS_{A \times B} + SS_E,$$

式中，$SS_{A \times B}$ 为 A 因子和 B 因子的交互效应对应的离差平方和. 交互项的自由度为 $(\alpha - 1)(\beta - 1)$，误差项的自由度为 $n - \alpha\beta$.

4.1.6 回归分析

在统计学中，回归分析(Regression Analysis)是确定两种或两种以上变量间相互依赖的定量关系的一种统计分析方法. 回归分析按照涉及变量的多少，分为一元回归分析和多元回归分析；按照因变量的多少，可分为简单回归分析和多重回归分析；按照自变量和因变量之间的关系类型，可分为线性回归分析和非线性回归分析.

1. 一元线性回归

一元线性回归模型是研究因变量与一个自变量之间的线性关系，其表达式为

$$y = a_0 + a_1 x,$$

式中，y 为因变量，x 为自变量，a_0 和 a_1 为待定系数. 通常采用最小二乘法来确定待定系数的具体值. 即求解模型：

$$\min Z = \sum_{i=1}^{n} (y_i - a_0 - a_1 x_i)^2.$$

回归系数的显著性检验可以选择 F 检验、t 检验或相关系数检验法进行检验.

F 检验统计量：

$$F = \frac{SS_R}{SS_E / (n - 2)},$$

式中，n 为数据组数，SS_R 为回归平方和，SS_E 为残差平方和.

t 检验统计量：

$$T = \sqrt{\sum_{i=1}^{n} (x_i - \bar{x})^2 \frac{a_1}{\sigma}} .$$

相关系数检验统计量：

$$R = \frac{\sum_{i=1}^{n} (x_i - \bar{x})(T_i - \bar{Y})}{\sqrt{\sum_{i=1}^{n} (x_i - \bar{x})^2 \sum_{i=1}^{N} (T_i - \bar{Y})^2}} .$$

2. 多元线性回归

多元线性回归模型为

$$y = a_0 + a_1 x_1 + a_2 x_2 + \cdots + a_m x_m ,$$

式中，y 为因变量，x_i 为自变量，$a_0, a_1, \cdots, a_m$ 为待定系数. 通常采用最小二乘法来确定待定系数的具体值，即求解模型

$$\min Z = \sum_{i=1}^{n} \left(y_i - a_0 - \sum_{j=1}^{m} a_j x_{ji} \right)^2 .$$

3. 岭回归

对于线性回归模型，定义岭估计量：

$$a(k) = (X^T X + kI)^{-1} X^T y .$$

通过岭估计量对线性回归模型待定参数进行估计. 其中 k 为岭参数，当岭参数为 0 时，岭估计量为最小二乘估计量，当岭参数增大时，待定参数 a 的偏倚增加，但方差减小. 该方法适用于条件较差的样本估计.

4. 非线性回归

非线性回归是回归函数关于未知回归系数具有非线性结构的回归. 常用的处理方法有回归函数的线性迭代法、分段回归法、迭代最小二乘法等. 非线性回归分析的主要内容与线性回归分析相似.

非线性回归中，因变量与自变量之间的非线性函数需要根据规律进行合理性假设.

4.1.7　判别分析

判别分析是根据表明事物特点的变量值和它们所属的类求出判别函数，根据判别函数对未知所属类别的事物进行分类的一种分析方法. 与聚类分析不同，它需要已知一系列反映事物特性的数值变量及其值. 判别分析根据判别的组数，可以分为两组判别分析和多组判别分析；根据判别函数的形式，可以分为线性判别和非线性判别；根据判别时处理变量的方法不同，可以分为逐步判别、序贯判别等；根据判别标准的不同，可以分为距离判别、费雪（Fisher）判别、贝叶斯（Bayes）判别等.

1. 距离判别法

距离判别法有欧氏距离法和马氏距离法等，计算距离

$$d_{ij}^2 = (\boldsymbol{x}_i - \boldsymbol{x}_j) \boldsymbol{D}^{-1} (\boldsymbol{x}_i - \boldsymbol{x}_j)^T \quad \text{或} \quad d_{ij}^2 = (\boldsymbol{x}_i - \boldsymbol{x}_j) \boldsymbol{V}^{-1} (\boldsymbol{x}_i - \boldsymbol{x}_j)^T .$$

式中，$d_{ij}^2 = (\boldsymbol{x}_i - \boldsymbol{x}_j) \boldsymbol{D}^{-1} (\boldsymbol{x}_i - \boldsymbol{x}_j)^T$ 为标准化欧氏距离；$d_{ij}^2 = (\boldsymbol{x}_i - \boldsymbol{x}_j) \boldsymbol{V}^{-1} (\boldsymbol{x}_i - \boldsymbol{x}_j)^T$ 为马氏距离.

2. 费雪判别法

费雪判别法是借助方差分析的思想，利用已知各总体抽取的样本的 p 维观测值构造一个或多个线性判别函数 $y = l^T x$，其中 $l = (l_1, l_2, \cdots, l_p)^T$，$x = (x_1, x_2, \cdots, x_p)^T$，使不同总体之间的离差（记为 B）尽可能大，而同一总体内的离差（记为 E）尽可能小，从而确定判别系数 $l = (l_1, l_2, \cdots, l_p)^T$. 数学上证明判别系数 l 恰好是 $|B - \lambda E| = 0$ 的特征向量，记为 $l_1, l_2, \cdots, l_r$，所对应的特征根记为 $\lambda_1 \geq \lambda_2 \geq \cdots \geq \lambda_r$，$r > 0$. 则可写出多个相应的线性判别函数，在有些问题中，仅用一个 λ_1 对应的特征向量 l_1^T 构成线性判别函数 $y_1 = l_1^T x$ 不能很好地区分各个总体时，可取 λ_2 对应的特征向量 l_2^T 建立第二个线性判别函数 $y_2 = l_2^T x$，如果还不够，则以此类推. 有了判别函数，再人为规定一个分类原则（如加权法和不加权法等）就可对新样本 x 判别所属.

3. 贝叶斯判别法

贝叶斯（Bayes）判别法是一种概率方法，它的好处是可以充分利用先验信息，应用该方法需要事先假定样本指标值的分布. 贝叶斯判别函数的表达式如下.

$$F_i(x) = \pi f_i(x_1, x_2, \cdots, x_n), i = 1, 2, \cdots, m.$$

式中，$f_i(x_1, x_2, \cdots, x_n)$ 表示密度函数 f_i 在待判对象的 n 个指标值处的函数值.

4.1.8 聚类分析

聚类分析的主要依据是把相似的样本归为一类，从而把差异大的样本区分开来. 在由 m 个变量组成的 m 维空间中可以用多种方法定义样本之间的相似性和差异性统计量.

常见的距离和相似系数有欧氏距离、标准化欧氏距离、马氏距离、布洛克距离、切比雪夫距离、明可夫斯基距离、夹角余弦（相似系数）和相关系数（相似系数）等 8 种.

（1）欧氏距离：

$$d_{ij} = \sqrt{\sum_{t=1}^{p} (x_{it} - x_{jt})^2}.$$

（2）标准化欧氏距离：

$$d_{ij}^2 = (x_i - x_j) D^{-1} (x_i - x_j)^T.$$

（3）马氏距离：

$$d_{ij}^2 = (x_i - x_j) V^{-1} (x_i - x_j)^T.$$

（4）布洛克距离：

$$d_{ij} = \sum_{t=1}^{p} |x_{it} - x_{jt}|.$$

（5）切比雪夫距离：

$$d_{ij} = \max |x_{it} - x_{jt}|.$$

（6）明可夫斯基距离：

$$d_{ij} = \left\{ \sum_{t=1}^{n} |x_{it} - x_{jt}|^p \right\}^{1/p}.$$

（7）夹角余弦（相似系数）：

$$\cos\alpha_{ij} = \frac{\sum_{t=1}^{n} x_{it} \cdot x_{jt}}{\sqrt{\left(\sum_{t=1}^{n} x_{it}^2 \right) \left(\sum_{t=1}^{n} x_{jt}^2 \right)}}.$$

(8)相关系数(相似系数):

$$r_{ij} = \frac{\sum_{t=1}^{n}(x_{it} - \bar{x}_i) \cdot (x_{jt} - \bar{x}_j)}{\sqrt{\left[\sum_{t=1}^{n}(x_{it} - \bar{x}_i)^2\right]\left[\sum_{t=1}^{n}(x_{jt} - \bar{x}_j)^2\right]}}.$$

以上各式中, $i,j = 1, 2, \cdots, n$.

常用的聚类方法有最短距离法、最长距离法、中间距离法、质心法和离差平方和法等.

(1)最短距离法:

$$D = \min d_{ij}.$$

(2)最长距离法:

$$D = \max d_{ij}.$$

(3)中间距离法:

$$D_{ir} = \sqrt{0.5 D_{ip}^2 + 0.5 D_{iq}^2 - 0.25 D_{pq}^2}.$$

(4)质心法:

$$D_{ir}^2 = \frac{n_p}{n_r}D_{ip}^2 + \frac{n_q}{n_r}D_{iq}^2 - \frac{n_p n_q}{n_r^2}D_{pq}^2.$$

(5)离差平方和法:

$$D_{ir}^2 = \frac{n_i + n_p}{n_i + n_r}D_{ip}^2 + \frac{n_i + n_q}{n_i + n_r}D_{iq}^2 - \frac{n_i}{n_i + n_r}D_{pq}^2.$$

以上各式中 $i,j = 1, 2, \cdots, n$.

4.1.9 主成分分析

主成分分析是通过数理统计分析,求得表示各要素间线性关系的实质上有意义的表达式,将众多要素的信息压缩表达为若干具有代表性的合成变量,这就克服了选择变量时的冗余信息,然后选择信息最丰富的少数因子进行各种聚类分析,构造应用模型.

主成分分析是一种降维统计方法,它借助一个正交变换,将分量相关的原随机向量转化成分量不相关的新随机向量,这在代数上表现为将原随机向量的协方差矩阵变换成对角矩阵,在几何上表现为将原坐标系变换成新的正交坐标系,使之指向样本点散布最开的 p 个正交方向,然后对多维变量系统进行降维处理,使之能以一个较高的精度转换成低维变量系统,再通过构造适当的价值函数,进一步把低维系统转化成一维系统.

主成分分析的原理是设法将原来变量重新组合成一组新的相互无关的几个综合变量,同时根据实际需要从中取出少数几个综合变量,并尽可能多地反映原来变量的信息. 主成分分析是设法将原来众多具有一定相关性的指标(如 p 个指标),重新组合成一组新的互相无关的综合指标来代替原来的指标. 通常数学上的处理就是将原来 p 个指标作线性组合,作为新的综合指标. 最经典的做法就是用 F_1 (选取的第一个线性组合,即第一个综合指标)的方差来表达,即 $D(F_1)$ 越大,表示 F_1 包含的信息越多. 因此在所有的线性组合中选取的 F_1 应该是方差最大的,故称 F_1 为第一主成分. 如果第一主成分不足以代表原来 p 个指标的信息,再考虑选取 F_2 ,即选第二个线性组合,为了有效地反映原来信息, F_1 已有的信息就不需要再出现在 F_2 中,用数学语言表达就是要求 $\mathrm{Cov}(F_1, F_2) = 0$,则称 F_2 为第二主成分,以此类推可以构造出第 1、第 2、…、第 p 个主成分.

4.1.10 特征分析与因子分析

特征分析模型（Feature Analysis Model）是模式识别理论的一种，主张模式或事物是由若干个元素或特征按照一定的关系组合在一起构成的，因此，要识别事物或模式，就可以分析它们的基本属性或基本特征. 模式识别就是通过对刺激信息特征进行分析，与其存储在长时记忆中的模式相比较后，决定与哪个模式进行匹配的过程. 特征分析奉行自下而上的加工模式，这一加工模式的过程与人类的认知活动方式并不一致，但灵活性高和自由度大是这一模式的最大特点.

因子分析是指研究从变量群中提取共性因子的统计技术，最早由英国心理学家斯皮尔曼（C. E. Speraman）提出. 他发现学生的各科成绩之间存在着一定的相关性，有一科成绩好的学生，往往其他各科成绩也比较好，他从而推想是否存在某些潜在的共性因子，或称某些一般智力条件影响着学生的学习成绩. 因子分析可在许多变量中找出隐藏的具有代表性的因子. 将相同本质的变量归入一个因子，可减少变量的数目，还可检验变量间关系的假设.

因子分析是简化、分析高维数据的一种统计方法. 假定 p 维随机向量满足

$$X = \mu + Af + e .$$

其中，$X = (X_1, X_2, \cdots, X_p)^{\mathrm{T}}$，对于一个指定的公共因子 f_j，记 $g_i^2 = \sum_{i=1}^{p} a_{ij}^2$，称为公共因子 f_j 对 X 的贡献，其中 a_{ij} 为矩阵 A 中第 i 行第 j 列元素. g_i^2 越大，反映公共因子 f_j 对 X 的贡献越大，所以 g_i^2 是衡量公共因子重要性的一个尺度.

4.2 基本技能一：SPSS 在求解统计模型中的应用

SPSS（Statistical Product and Service Solutions）软件是 1984 年 SPSS 公司推出的世界上第一个统计分析软件. 最初软件全称为"社会科学统计软件包"（Solutions Statistical Package for the Social Sciences），但是 SPSS 产品随着服务领域的扩大和服务深度的增加，目前已广泛应用于自然科学、技术科学、社会科学的各个领域. 当前 SPSS 为 IBM 公司推出的一系列用于统计学分析运算、数据挖掘、预测分析和决策支持任务的软件产品及相关服务的总称，有 Windows 和 Mac OS X 等版本.

SPSS for Windows 是一个组合式软件包，它集数据录入、整理、分析功能于一身. 用户可以根据实际需要和计算机的功能选择模块，以降低对系统硬盘容量的要求，这样有利于该软件的推广应用. SPSS 的基本功能包括数据管理、统计分析、图表分析、输出管理等. SPSS 统计分析过程包括描述性统计、均值比较、一般线性模型、相关分析、回归分析、对数线性模型、聚类分析、数据简化、生存分析、时间序列分析、多重响应等几大类，每类又分多个统计过程，如回归分析又分线性回归、曲线估计、Logistic 回归、Probit 回归、加权最小二乘估计、两阶段最小二乘法、非线性回归等多个统计过程，而且每个过程中又允许用户选择不同的方法及参数. SPSS 也有专门的绘图系统，可以根据数据绘制各种图形.

SPSS 软件运行过程中会出现多个窗口，各个窗口功能不同. 其中，最主要的窗口有 3 个：数据编辑窗口、结果输出窗口和语句窗口.

启动 SPSS 后看到的第一个窗口便是数据编辑窗口，如图 4.2 所示. 在数据编辑窗口中可以进行数据的录入、编辑以及变量属性的定义和编辑，它是 SPSS 的基本窗口. 它主要由以下几部分构成：标题栏、菜单栏、工具栏、编辑栏、变量名栏、观测序号、窗口切换标签、状态栏.

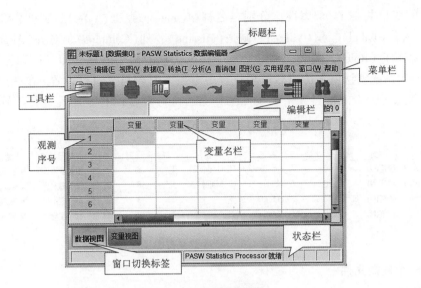

图 4.2　数据编辑窗口

标题栏：显示数据编辑的数据文件名.

菜单栏：通过对这些菜单的选择，用户可以进行几乎所有的 SPSS 操作. 关于菜单的详细操作步骤将在后续实验内容中分别介绍.

为了方便用户操作，SPSS 软件把菜单项中常用的命令放到了工具栏里. 当鼠标停留在某个工具栏按钮上时，会自动跳出一个文本框，提示当前按钮的功能. 另外，如果用户对系统预设的工具栏设置不满意，也可以用"视图"→"工具栏"→"设定"命令对工具栏按钮进行定义.

编辑栏：可以输入数据，以使它显示在内容区指定的方格里.

变量名栏：列出了数据文件中所包含变量的名称.

观测序号：列出了数据文件中的所有观测值. 观测值的个数通常与样本容量的大小一致.

窗口切换标签：用于"数据视图"和"变量视图"的切换，即切换数据浏览窗口与变量浏览窗口. 数据浏览窗口用于对样本数据的查看、录入和修改，变量浏览窗口用于对变量属性定义的输入和修改.

状态栏：用于说明显示 SPSS 当前的运行状态. SPSS 被打开时，将会显示"PASW Statistics Processor 就续"的提示信息.

4.2.1　数据文件管理

SPSS 数据文件是一种结构性文件，由数据的结构和内容两部分构成，也可以说由变量和观测值两部分构成. 一个典型的 SPSS 数据文件如图 4.3 所示.

变量	agecat	gender	accid	pop
1	1	1	57997	198522
2	2	1	57113	203200
3	3	1	54123	200744
4	1	0	63936	187791
5	2	0	64835	195714
6	3	0	66804	208239

图 4.3　SPSS 数据文件

SPSS 中的变量共有 11 个属性，分别是名称(Name)、类型(Type)、宽度(Width)、小数(Decimals)、标签(Label)、值(Value)、缺失(Missing)、列(Columns)、对齐(Align)、度量标准(Measure)和角色(Role). 定义一个变量至少要定义它的两个属性，即名称和类型，其他属性可以暂时采用系统默认值，待以后分析过程中有需要时再对其进行设置. 在 SPSS 数据编辑窗口中单击"变量视图"标签，进入变量视图界面后可对变量的各个属性进行设置，如图 4.4 所示.

名称	类型	宽度	小数	标签	值	缺失	列	对齐	度量标准	角色
agecat	数值(N)	4	0	Age category	{1, Under 21...	无	8	署 右	序号(O)	输入
gender	数值(N)	4	0	Gender	{0, Male}...	无	8	署 右	名义(N)	输入
accid	数值(N)	8	0	Accidents	无	无	8	署 右	度量(S)	输入
pop	数值(N)	8	0	Population ...	无	无	8	署 右	度量(S)	输入

图 4.4　SPSS 变量视图

1. 创建一个数据文件

数据文件的创建分成三个步骤：

(1)单击菜单"文件"→"新建"→"数据"新建一个数据文件，进入数据编辑窗口. 窗口顶部标题为"PASW Statistics 数据编辑器".

(2)单击左下角"变量视图"标签进入变量视图界面，根据试验的设计定义每个变量类型.

(3)变量定义完成以后，单击"数据视图"标签进入数据视图界面，将每个具体的变量值录入数据库单元格内.

2. 读取外部数据

当前版本的 SPSS 可以很容易地读取 Excel 数据，步骤如下.

(1)按"文件"→"打开"→"数据"的顺序使用菜单命令调出"打开数据"对话框，在"文件类型"下拉列表中选择 Excel 文件，如图 4.5 所示.

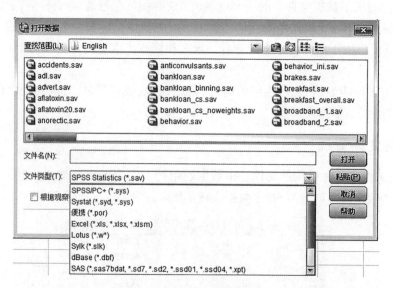

图 4.5　"打开数据"对话框

(2)选择要打开的 Excel 文件，单击"打开"按钮，调出"打开 Excel 数据源"对话框，如图

4.6 所示. 对话框中各选项的意义如下.

"工作表"下拉列表: 选择被读取数据所在的 Excel 工作表.

"范围"输入框: 用于限制被读取数据在 Excel 工作表中的位置.

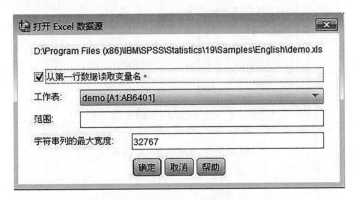

图 4.6 "打开 Excel 数据源"对话框

3. 数据编辑

在 SPSS 中, 对数据进行基本编辑操作的功能集中在"编辑"和"数据"菜单中.

4. SPSS 数据的保存

SPSS 数据录入并编辑整理完成后应及时保存, 以防数据丢失. 保存数据文件可以通过"文件"→"保存"菜单或者"文件"→"另存为"菜单方式来执行. 在"将数据保存为"对话框(见图 4.7)中根据不同要求进行 SPSS 数据保存.

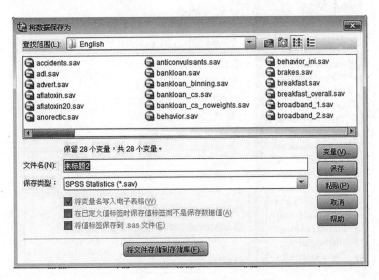

图 4.7 "将数据保存为"对话框

5. 数据整理

在 SPSS 中, 数据整理的功能主要集中在"数据"和"转换"两个主菜单下.

(1)数据排序(Sort Case)

对数据按照某一个或多个变量的大小排序将有利于对数据的总体浏览, 基本操作说明如下: 选择菜单"数据"→"排序个案", 打开"排序个案"对话框, 如图 4.8 所示.

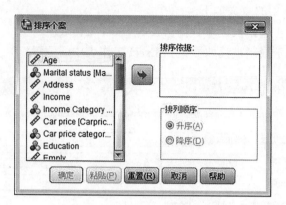

图 4.8 "排序个案"对话框

（2）抽样（Select Case）

在统计分析中，有时不需要对所有的观测进行分析，而只对某些特定的对象有兴趣. 利用 SPSS 的"选择个案"命令可以实现样本筛选的功能.

以 SPSS 安装配套数据文件"demo. sav"为例，基本操作说明如下.

打开数据文件"demo. sav"，选择"数据"→"选择个案"命令，打开"选择个案"对话框，如图 4.9 所示.

图 4.9 "选择个案"对话框

指定抽样的方式："全部个案"不进行筛选；"如果条件满足"按指定条件进行筛选. 本例

设置"age>50"，如图 4.10 所示.

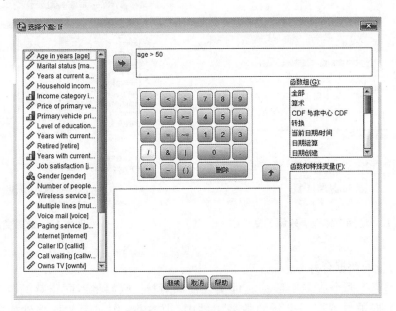

图 4.10　指定抽样的方式

设置完成以后，单击"继续"按纽，进入下一步.

确定未被选择的观测的处理方法，这里选择默认选项"过滤掉未选定的个案".

单击"确定"按钮进行筛选，结果如图 4.11 所示.

	age	marital	address	income
1	55	1	12	72.00
2	56	0	29	153.00
3	28	1	9	28.00
4	24	1	4	26.00
5	25	0	2	23.00
6	45	1	9	76.00
7	42	0	19	40.00
8	35	1	15	57.00
9	46	0	26	24.00
10	34	1	0	89.00
11	55	1	17	72.00
12	28	0	3	24.00
13	31	1	9	40.00
14	42	0	8	137.00
15	35	0	8	70.00
16	52	1	24	159.00

图 4.11　选择个案的结果

(3)增加个案的数据合并

将新数据文件中的观测合并到原数据文件中，在 SPSS 中实现数据文件纵向合并的方法如下：选择菜单"数据"→"合并文件"→"添加个案"，弹出图 4.12 所示的对话框，选择需要追加的数据文件，单击"继续"按钮，弹出图 4.13 所示的对话框.

图 4.12　选择个体数据来源的文件　　　　　　**图 4.13　选择变量**

(4)增加变量的数据合并

增加变量是指把两个或多个数据文件实现横向对接. 例如将不同年龄的收入文件进行合并, 收集来的数据被放置在一个新的数据文件中. 在 SPSS 中实现数据文件横向对接的方法如下.

选择菜单"数据"→"合并文件"→"添加变量", 选择合并的数据文件, 单击"打开"按钮, 弹出图 4.14 所示的对话框.

图 4.14　添加变量

单击"确定"按钮执行合并命令. 这样, 两个数据文件将按观测的顺序一对一地横向合并.

(5)数据拆分

在进行统计分析时, 经常要对文件中的观测进行分组, 然后按组分别进行分析. 例如要求按性别分组, 在 SPSS 中具体操作如下.

①选择菜单"数据"→"分割文件"，打开"分割文件"对话框，如图 4.15 所示.

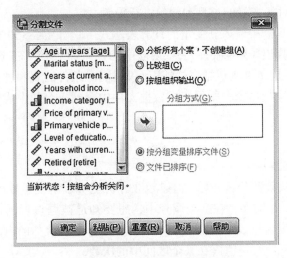

图 4.15　"分割文件"对话框

选择拆分数据后，输出结果的排列方式，该对话框提供了 3 种方式：对全部观测进行分析，不进行拆分；在输出结果中将各组的分析结果放在一起进行比较；按组排列输出结果，即单独显示每一分组的分析结果.

②选择分组变量.

③选择数据的排序方式.

④单击"确定"按钮，执行操作.

（6）计算新变量

在对数据文件中的数据进行统计分析的过程中，为了更有效地处理数据和反映事物的本质，有时需要对数据文件中的变量加工产生新的变量. 比如经常需要把几个变量加和或取加权平均数，SPSS 中通过"计算"菜单命令来产生这样的新变量，其步骤如下.

选择菜单"转换"→"计算变量"，打开"计算变量"对话框，如图 4.16 所示.

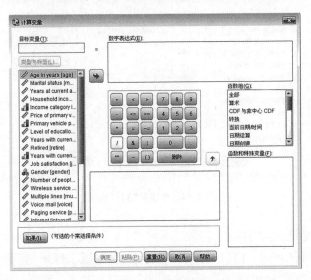

图 4.16　"计算变量"对话框

在"目标变量"输入框中输入生成的新变量的名称. 单击输入框下面的"类型与标签"按钮, 在跳出的对话框中可以对新变量的类型和标签进行设置.

在"数字表达式"输入框中输入新变量的计算表达式. 例如"age>50".

单击"如果"按钮, 弹出子对话框. 子对话框中的"包含所有个案"选项表示对所有的观测进行计算; "如果个案满足条件则包括"选项表示仅对满足条件的观测进行计算.

单击"确定"按钮, 执行命令, 则可以在数据文件中看到一个新生成的变量.

4.2.2　描述统计

1. 频数分析(Frequencies)

基本统计分析往往从频数分析开始. 通过频数分析能够了解变量取值的状况, 对把握数据的分布特征是非常有用的. 例如, 在某项调查中, 想要知道被调查者的性别分布状况. 频数分析的第一个基本任务是编制频数分布表. SPSS中的频数分布表包括的内容如下.

(1)频数(Frequency): 变量值落在某个区间中的次数.

(2)百分比(Percent): 各频数占总样本数的百分比.

(3)有效百分比(Valid Percent): 各频数占有效样本数的百分比. 这里有效样本数=总样本数−缺失样本数.

(4)累计百分比(Cumulative Percent): 各百分比逐级累加起来的结果.

频数分析的第二个基本任务是绘制统计图. 统计图是一种最为直接的数据刻画方式, 能够非常清晰直观地展示变量的取值状况. 频数分析中常用的统计图包括条形图、饼图、直方图等.

(1)频数分析的应用步骤

在SPSS中的频数分析实现步骤如下.

选择菜单"文件"→"打开"→"数据", 在对话框中找到需要分析的数据文件"demo. sav", 然后单击"打开"按钮.

选择菜单"分析"→"描述统计"→"频率", 打开"频率"对话框, 如图4.17所示.

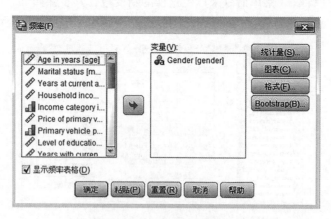

图 4.17　"频率"对话框

确定所要分析的变量, 如"Gender".

在变量选择确定后, 在同一窗口上, 单击"统计量"按钮, 打开"频率: 统计量"子对话框, 如图4.18所示, 选择统计输出选项; 单击"图表"按扭, 打开"频率: 图表"子对话框, 如图4.19所示, 选择图表类型.

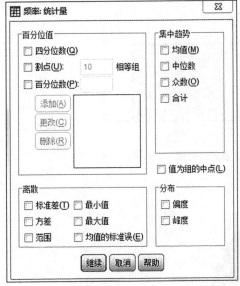

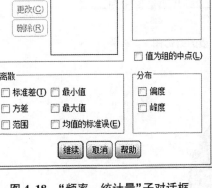

图 4.18　"频率：统计量"子对话框 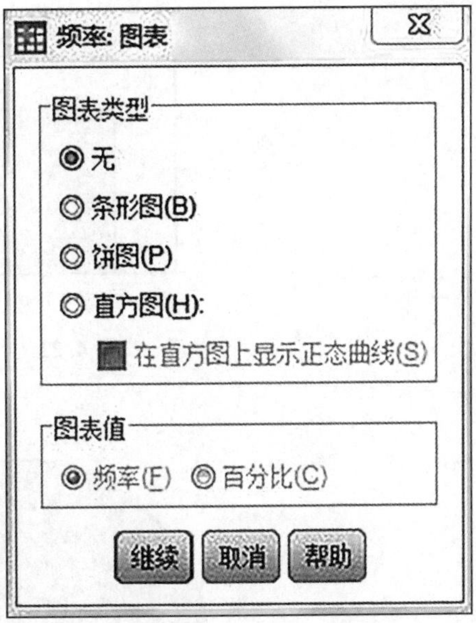　　　　**图 4.19**　"频率：图表"子对话框

（2）结果输出与分析

单击"频率"对话框中的"确定"按钮，即得到图 4.20 和图 4.21 所示的结果.

N	有效	6400
	缺失	0

图 4.20　描述性统计量

		频率	百分比	有效百分比	累积百分比
有效	Female	3179	49.7	49.7	49.7
	Male	3221	50.3	50.3	100.0
	总计	6400	100.0	100.0	

图 4.21　"Gender"变量的频数分布表

图 4.20 给出了总样本量（N），其中"Gender"变量的有效（Valid）样本数为 6400 个，缺失（Missing）样本数为 0 个.

图 4.21 呈现了 Famale 和 Male 的频数（SPSS 中此处的 Frequency 被译为频率，实际应为频数）、百分比、有效百分比和累积百分比.

图 4.22 为"Gender"变量的条形图，图 4.23 为"Gender"变量的饼图.

2. 描述统计（Descriptives）

（1）描述统计的应用步骤

SPSS 的"描述"命令专门用于计算各种描述统计性统计量. 具体操作步骤如下.

选择菜单"分析"→"描述统计"→"描述"，打开"描述性"对话框，如图 4.24 所示.

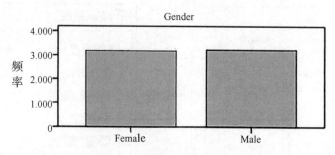

图 4. 22 "Gender"变量的条形图

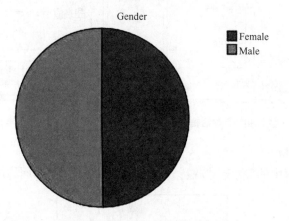

图 4. 23 "Gender"变量的饼图

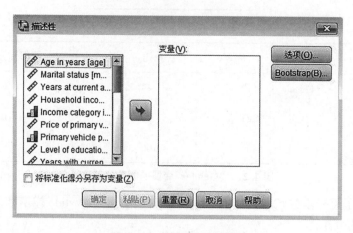

图 4. 24 "描述性"对话框

将待分析的变量移入"变量"列表框,例如将"Age""Income""Marital"等 3 个变量进行描述性统计,以观察年龄范围、收入差异等情况.

"描述性"对话框左下角的"将标准化得分另存为变量(Z)"复选框表示对所选择的每个变量进行标准化处理,产生相应的 Z 值,作为新变量保存到数据窗口中. 新变量的名称为相应的所选择的变量名前加前缀"z". 标准化计算公式为

$$Z_i = \frac{x_i - \bar{x}}{s}.$$

单击"选项"按钮，打开图 4.25 所示的子对话框，选择需要计算的描述统计量. 各描述统计量与"频率：统计量"子对话框中大部分相同，这里不再重复介绍.

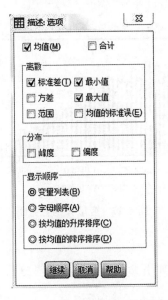

图 4.25　"描述：选项"子对话框

在"描述性"对话框中单击"确定"按钮执行操作.

（2）结果输出与分析

在结果输出窗口中给出了所选变量相应的描述统计，如图 4.26 所示. 从图中可以看到，Age 的均值为 42.06，标准差为 12.290，年龄差异性较大；Income 的均值为 2.5284，标准差为 1.07383，分布较为集中.

	N	均值	标准差	偏度		峰度	
	统计量	统计量	统计量	统计量	标准差	统计量	标准差
Age	6400	42.06	12.290	.299	.0031	-.602	.061
Income	6400	2.5284	1.07383	.132	.031	-1.272	.061
Marital	6400	0.50	.500	.015	.031	-2.000	.061
有效的 N（列表状态）	6400						

图 4.26　所选变量的描述统计量

另外，从偏度和峰度指标可以看出，两者的相应值都比较小，分布对称性较好，数据相对分散. 为了进一步验证结果的可靠性，可以利用"频率"命令画出变量 Z 的直方图，如图 4.27 所示.

3. 探索分析（Explore）

调用此命令可对变量进行更为深入详尽的描述性统计分析，故称之为探索分析. 它在一般描述性统计指标的基础上，增加对有关数据其他特征的文字与图形描述，显得更加细致与全面，对数据分析更进一步.

探索分析一般通过数据文件在分组与不分组的情况下获得常用统计量和图形. 一般以图形

方式输出,直观帮助研究者确定奇异值、影响点,还可以进行假设检验,以及确定研究者要使用的某种统计方式是否合适.

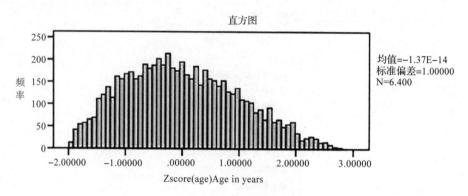

图 4.27 变量 Z 的直方图

(1)探索分析的应用步骤

在打开的数据文件上,选择如下命令:选择菜单"分析"→"描述统计"→"探索",打开"探索"对话框,如图 4.28 所示.

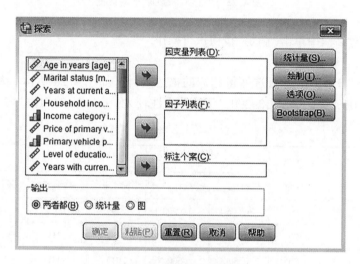

图 4.28 "探索"对话框

"因变量列表":待分析的变量,例如将"Age"变量作为因变量.

"因子列表":从源变量列表中选择一个或多个变量进入因子列表,分组变量可以将数据按照该观测值进行分组分析,例如将"Gender"变量作为因子.

"标注个案":在源变量列表中指定一个变量作为观测值的标识变量.

在"输出"栏中,选择"两者都"选项,表示输出图形及描述统计量.

单击"统计量"按钮,选择想要计算的描述统计量,如图 4.29 所示.

对所要计算的变量的频数分布及其统计量值作图,打开"探索:图"子对话框,如图 4.30 所示.

(2)结果输出与分析

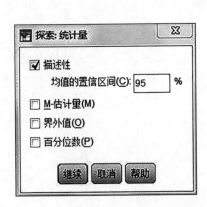

图 4.29 "探索: 统计量"子对话框

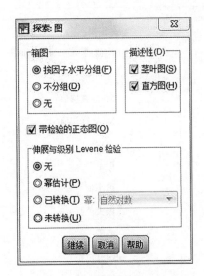

图 4.30 "探索: 图"子对话框

输出的案例处理摘要和案例描述如图 4.31 和图 4.32 所示.

		案例					
		有效		缺失		合计	
	Gender	N	百分比	N	百分比	N	百分比
Ageinyears	Female	3179	100.0%	0	.0%	3179	100.0%
	Male	3221	100.0%	0	.0%	3221	100.0%

图 4.31 案例处理摘要

	Gender			统计量	标准误
Age in years	Female	均值		41.74	.212
		均值的 95% 置信区间	下限	41.32	
			上限	42.15	
		5%修整均值		41.45	
		5%修整均值		41.00	
		方差		142.988	
		标准差		11.958	
		极小值		18	
		极大值		76	
		范围		58	
		四分位距		17	
		偏度		.327	.043
		峰度		-.534	.087

图 4.32 案例描述

Age in years	Male			42.37	.222
		均值		42.37	.222
		均值的 95% 置信区间	下限	41.94	
			上限	42.81	
		5%修整均值		42.11	
		5%修整均值		41.00	
		方差		158.818	
		标准差		12.602	
		极小值		18	
		极大值		77	
		范围		59	
		四分位距		19	
		偏度		.268	.043
		峰度		-.667	.086

图 4.32　案例描述(续)

在图 4.31 可以看出性别女(Female)包含 3179 个个体,性别男(Male)包含 3221 个个体,均无缺失值.

绘制人员分性别年龄分布直方图,如图 4.33 所示.

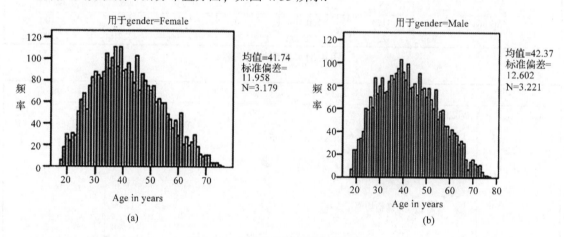

图 4.33　人员分性别年龄分布直方图

4. 茎叶图和箱图

茎叶图和箱图是描述统计中常用的两种图.

(1)茎叶图

茎叶图自左向右可以分为 3 部分:频数(Frequency)、茎(Stem)和叶(Leaf).茎表示数值的整数部分,叶表示数值的小数部分.每行的茎和每个叶组成的数字相加再乘以茎宽(Stem Width),即茎叶所表示的实际数值的近似值.图 4.34 是茎叶图的一个示例.

(2)箱图

箱图是一种用最小值、第一四分位数、中位数、第三四分位数与最大值描述数据分布的统计图.通过箱图可以直观地看出数据是否具有对称性,以及分布的分散程度等信息.箱图也可用于对多个样本的比较.

```
Age in years Stem-and-Leaf Plot for
gender= Female
Frequency     Stem&  Leaf
   24.00      1 . 8999
  165.00      2 . 000001111222223333334444444
  341.00      2 . 55555555555666666666667777777777888888888888899999999999999
  448.00      3 . 00000000000000011111111111111122222222222222223333333333333
  507.00      3 . 555555555555555566666666666666666777777777777777777888888
  441.00      4 . 00000000000000011111111111111122222222222222222233333333333
  415.00      4 . 55555555555555556666666666667777777777777778888888888888
  328.00      5 . 0000000000001111111111112222222222223333333333344444444444
  231.00      5 . 555555555566666666777777788888899999999
  148.00      6 . 000001111111122233333444
   94.00      6 . 5555666667778899
   34.00      7 . 0011234
    2.00      7 . &
    1.00 Extremes  (>=76)
Stem width:     10
Each leaf:      6 case(s)
```

图 4.34　茎叶图

　　箱图一般由箱(也称盒)和线(也称须)组成,其中,线最上方和最下方的线段分别表示数据的最大值和最小值,箱上方和下方的线段分别表示第三四分位数和第一四分位数,箱图中间的粗线段表示数据的中位数. 另外,箱图中最上方和最下方的圆圈和星号分别表示样本数据中的极端值,如果没有极端值,则不显示圆圈或星号.

　　绘制男性、女性两个样本总体的年龄统计箱图如图 4.35 所示.

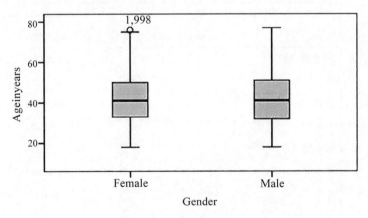

图 4.35　年龄统计箱图

4.2.3　统计推断

1. 单个总体均值的区间估计

　　■**例 4-1**　以"car_ sales. sav"数据为例. 为研究某汽车销售公司的销量变化情况,制作了一段时期内各种汽车的销售情况统计表,表中有每种汽车的销量. 请给出这段时期内的汽车销量区间估计(给定的置信度为 95%).

解 操作步骤如下.

打开 SPSS, 打开数据文件"car_ sales. sav". 本例的研究变量为"Sales", 即汽车销量.

设置区间估计选项:选择菜单"分析"→"描述统计"→"探索", 打开图 4.36 所示的"探索"对话框.

在对话框中, 从源变量列表中将"Sales"变量移入"因变量列表"框. 单击右上方的"统计量"按钮, 打开"探索:统计量"子对话框, 如图 4.37 所示. 设置均值的置信水平, 本例为95%. 完成后单击"继续"按钮回到"探索"对话框.

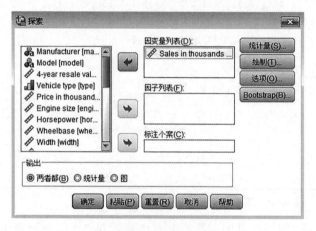

图 4.36 "探索"对话框

图 4.37 "探索:统计量"子对话框

单击"确定"按钮, 输出描述统计量表格, 如图 4.38 所示.

		统计量	标准误
Sales in thousands	均值	52.99808	5.429339
	均值的 95% 置信区间　　　下限	42.27357	
	上限	63.72258	
	5%修整均值	43.54120	
	中值	29.45000	
	方差	4628.002	
	标准差	68.029422	
	极小值	.110	
	极大值	540.561	
	范围	540.451	
	四分位距	54.228	
	偏度	3.409	.194
	峰度	17.557	.385

图 4.38 描述统计量

根据输出结果中"均值的 95%置信区间"统计量可以得出, 这段时期内的汽车销量区间估计(置信度为 95%)为(42.27357, 63.72258), 点估计为 52.99808(单位:千辆).

2. 两个总体均值之差的区间估计

■**例 4-2**　为研究企业员工收入与性别的关系，记录某公司 474 名员工的工资情况. 试对员工按性别进行平均工资之差的区间估计，置信度为 95%.

解　操作步骤如下.

打开 SPSS，打开数据文件"Employee data. sav". 其中，"gender"为员工性别变量，"f"表示女性，"m"表示男性；"salary"为员工工资变量，单位是美元.

计算两总体均值之差的区间估计，采用独立样本 t 检验方法. 选择菜单"分析"→"比较均值"→"独立样本 T 检验"，打开图 4.39 所示的"独立样本 T 检验"对话框.

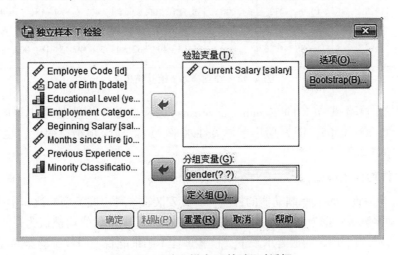

图 4. 39　"独立样本 T 检验"对话框

在对话框选择变量：

①从源变量列表中将"salary"变量移入"检验变量"框中，表示求该变量的均值的区间估计.

②从源变量列表中将"gender"变量移入"分组变量"框中，表示该变量作为总体的分类变量.

定义分组：单击"定义组"按钮，打开"定义组"子对话框，如图 4.40 所示. 在"组 1"文本框中输入"Female"，在"组 2"文本框中输入"Male". 设置完成后，单击"继续"按钮回到"独立样本 T 检验"对话框.

图 4.40　"定义组"子对话框

单击"确定"按钮，输出结果. 下面对输出结果进行分析.

（1）分组统计量

图 4.41 分别给出了不同组的样本容量、均值、标准差和平均值标准误（Std. Error Mean，SPSS 译为均值的标准误差）. 从图 4.41 可以看出，本例中，女性的平均工资为 26031.92 美元，男性的平均工资为 41441.78 美元.

	Gender	N	均值	标准差	均值的标准误差
Current Salary	Female	216	\$ 26031. 92	\$ 7558. 021	\$ 514. 258
	Male	258	\$ 41441. 78	\$ 19499. 214	\$ 1213. 968

图 4.41　分组统计量

（2）独立样本 t 检验

独立样本 t 检验为方差检验，本例的独立样本 t 检验结果如图 4.42 所示. 在方差相等的原假设下，F=119.669，由于 Sig.=0.00<0.05，即 P 值小于显著性水平，因此应拒绝原假设，接受两个总体方差是不相等的备择假设.

	方差方程的 Levene 检验		均值方程的 t 检验							
	F	Sig.	t	df	Sig.（双侧）	均值差值	标准误差值	差分的 95% 置信区间	
								下限	上限
Salary 假设方差相等	119.6	.00	-10.9	472	.000	$ -15, 409.8	$ 1, 407.9	$ -18, 176.4	$ -12, 643.3
假设方差不相等			-11.688	344.262	.000	$ -15, 409.862	$ 1, 318.400	$ -18, 002.996	$ -12, 816.728

图 4.42　独立样本 t 检验结果

均值方程的 t 检验（T-test for Equality of Means）为检验总体均值是否相等的 t 检验. 本例中，由于 Sig.=0.000<0.05，即 P 值小于显著性水平，因此应该拒绝原假设，也就是说男性工资与女性工资差异显著.

3. 单个总体均值的假设检验

■例 4-3　为检查某种汽车制动器的性能，将其安装在 8 种不同类型的汽车上分别进行 16 次实验，假设制动器测试数据为 322 表明运行正常，高于或低于该数值均被认为是不合理的. 测试数据如表 4.1 所示，在 0.05 的显著水平下，检验该样本结果能否说明该制动器的性能良好?

表 4.1　某种汽车制动器的性能测试数据

汽车型号	性能测试	汽车型号	性能测试	汽车型号	性能测试	汽车型号	性能测试	汽车型号	性能测试	汽车型号	性能测试	汽车型号	性能测试	汽车型号	性能测试
1	322.00	2	322.01	3	321.99	4	321.99	5	321.99	6	322.00	7	322.01	8	321.99
1	322.00	2	322.02	3	321.99	4	322.00	5	322.00	6	321.98	7	322.02	8	321.99
1	322.02	2	322.00	3	322.00	4	322.01	5	322.00	6	322.00	7	322.01	8	321.99
1	321.99	2	322.02	3	321.98	4	322.00	5	322.01	6	322.00	7	322.00	8	322.01
1	322.01	2	322.00	3	322.02	4	321.99	5	322.00	6	322.02	7	322.01	8	321.99
1	322.00	2	322.03	3	321.98	4	322.00	5	321.99	6	322.00	7	322.02	8	322.00
1	322.01	2	322.00	3	322.00	4	322.00	5	322.01	6	322.00	7	322.01	8	322.00
1	321.98	2	322.01	3	322.00	4	321.99	5	322.02	6	322.01	7	322.00	8	322.00
1	322.00	2	322.00	3	322.02	4	322.00	5	322.00	6	322.01	7	322.01	8	322.00
1	322.00	2	321.99	3	322.02	4	322.00	5	322.01	6	322.01	7	322.01	8	322.00
1	321.98	2	322.00	3	322.00	4	321.99	5	322.01	6	322.00	7	322.00	8	321.99
1	321.98	2	322.02	3	322.01	4	322.00	5	322.00	6	322.00	7	321.99	8	322.00
1	322.00	2	322.02	3	321.99	4	321.99	5	322.00	6	322.01	7	322.01	8	322.00
1	322.00	2	322.01	3	321.99	4	321.99	5	321.99	6	322.00	7	322.01	8	321.98
1	322.00	2	322.01	3	321.99	4	321.98	5	322.01	6	322.00	7	322.00	8	321.99
1	322.00	2	322.00	3	322.00	4	322.00	5	322.00	6	322.00	7	322.01	8	322.00

解　首先判断检验类型．该例属于大样本、总体标准差 σ 未知的情形．采用单样本 t 检验，做如下假设检验：

$$H_0 : \mu = \mu_0 ,\ H_1 : \mu \neq \mu_0 .$$

操作步骤如下．

打开数据文件，然后选择菜单"分析"→"比较均值"→"单样本 T 检验"，打开"单样本 T 检验"对话框(见图 4.43)．从源变量列表中将"Brake test"变量移入"检验变量"框中．

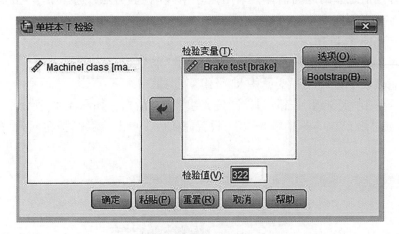

图 4.43　"单样本 T 检验"对话框

在"检验值"框里输入一个指定值(即假设检验值，本例中假设为 322)，t 检验过程将对每个检验变量分别检验它们的平均值与这个指定数值相等的假设．单击"确定"按钮，输出结果．

(1)单样本统计量

图 4.44 给出了单样本统计量，包括容量、均值、标准差和均值的标准误差．本例中，制动器性能测试结果的均值为 322.0018．

	N	均值	标准差	均值的标准误差
Brake test	128	322.0018	.01080	.00095

图 4.44　单样本统计量

(2)单样本 t 检验

图 4.45 所示单样本 t 检验结果中，t 表示所计算的 t 检验统计量，本例 t = 1.840；df 表示自由度，本例 df = 127；Sig.(双侧)表示统计量的 P 值，应与双尾 t 检验的显著性大小进行比较，本例 Sig. = 0.068 > 0.05，说明制动器性能测试结果的均值与 322 无显著差异；差分的 95% 置信区间为(−0.0001, 0.0036)，置信区间包括 0，说明制动器性能测试结果与 322 无显著差异，即可以认为制动器性能良好．

	检验值 = 322					
	t	df	Sig.(双侧)	均值差值	差分的 95% 置信区间	
					下限	上限
Brake test	1.840	127	.068	.00176	−.0001	.0036

图 4.45　单样本 t 检验结果

4. 两独立样本的假设检验

■**例 4-4**　现有某学校学生成绩的 2133 条记录，试对学生性别与成绩差异进行统计分析，要求分别对男生和女生的平均成绩进行区间估计，预设的置信度为 95%.

解　操作步骤如下.

打开 SPSS，导入学生成绩数据. 其中，"性别"变量的"0"表示男生，"1"表示女生.

计算两总体均值之差的区间估计，采用独立样本 t 检验方法. 选择菜单"分析"→"比较均值"→"独立样本 T 检验".

选择变量，如图 4.46 所示：

①从源变量列表中将"成绩"变量移入"检验变量"框中.

②从源变量列表中将"性别"变量移入"分组变量"框中.

定义分组：单击"定义组"按钮，打开"定义组"子对话框，如图 4.47 所示. 在"组 1"文本框中输入"0"，在"组 2"文本框中输入"1". 设置完成后，单击"继续"按钮回到"独立样本 T 检验"对话框.

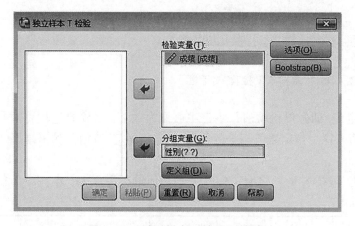

图 4.46　"独立样本 T 检验"对话框　　　　图 4.47　"定义组"子对话框

单击"确定"按钮，输出结果. 下面对输出结果进行分析.

（1）分组统计量

图 4.48 给出了分组统计量，包括容量、均值、标准差和均值的标准误差. 从图 4.48 可以看出，本例中，男生的平均成绩为 67.20，女生的平均成绩为 67.00.

	性别	N	均值	标准差	均值的标准误差
成绩	0	1077	67.20	13.842	.422
	1	1056	67.00	14.139	.435

图 4.48　分组统计量

（2）独立样本 t 检验

本例的独立样本 t 检验结果如图 4.49 所示. 在方差相等的原假设下，F = 1.750，由于 Sig. = 0.186 > 0.05，即 P 值大于显著性水平，因此不能拒绝原假设，即接受两个总体方差相等的原假设.

本例中，均值方程的 t 检验，Sig. = 0.750 > 0.05，即 P 值大于显著性水平，因此不应该拒绝原假设，也就是说男生成绩和女生成绩没有显著差异.

		方差方程的 Levene 检验		均值方程的 t 检验						
		F	Sig.	t	df	Sig.（双侧）	均值差值	标准误差值	差分的 95% 置信区间	
									下限	上限
成绩	假设方差相等	1.750	.186	.319	2131	.750	.193	.606	−.995	1.381
	假设方差不相等			.319	2127.435	.750	.193	.606	−.995	1.381

图 4.49　独立样本 t 检验结果

5. 配对样本 t 检验

配对样本是相对独立样本而言的, 是指一组样本在不同时间做了两次试验, 或者具有两组类似的记录, 从而比较其差异. 独立样本 t 检验是对不同样本均值的检验, 而配对样本 t 检验往往是对相同样本两次试验或观测的均值的检验.

配对样本 t 检验的前提条件为: 第一, 两样本必须是配对的, 即两样本的观测值数目相同, 且顺序不随意更改; 第二, 样本来自的两个总体必须服从正态分布. 例如, 针对试验前学习成绩和智商相同的两组学生, 分别进行不同教学方法的训练, 进行一段时间试验教学后, 比较参与试验的两组学生的学习成绩是否存在显著差异.

■**例 4-5**　某学校为了检验进行培训后学生的学习成绩是否有了显著提高, 从全校学生中随机抽出 30 名进行测试, 这些学生培训前后的学习成绩放置于数据文件"学生培训 . sav"中. 在 SPSS 中对这 30 名学生的学习成绩进行配对样本 t 检验.

解　操作步骤如下.

选择菜单"分析"→"比较均值"→"配对样本 T 检验", 打开"配对样本 T 检验"对话框, 如图 4.50 所示. 将"培训前"变量和"培训后"变量移入"成对变量"框中.

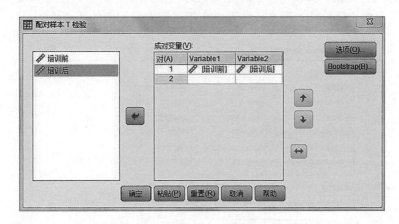

图 4.50　"配对样本 T 检验"对话框

"选项"按钮用于设置置信度等选项, 这里保持系统默认的 95%. 在主对话框中单击"确定"按钮, 执行操作.

4.2.4　方差分析

单因素方差分析(One-way ANOVA)也称一维方差分析. 它对两组以上的均值加以比较, 即对由单一因素影响的一个分析变量(因变量), 检验因素各水平分组间的均值差异是否有统计意义, 并可以进行两两组间均值的比较, 称为组间均值的多重比较.

采用单因素方差分析的要求：因变量属于正态分布总体．若因变量的分布明显呈非正态分布，应该用非参数分析过程．若试验中观测对象不是随机分组的，而是进行重复观测并记录形成几个彼此不独立的变量，应该用"重复测量"菜单项，进行重复测量方差分析，条件满足时，还可以进行趋势分析．

■例4-6　假设某汽车经销商为了研究东部、西部和中部地区市场上汽车的销量是否存在显著差异，在每个地区随机抽取几个城市进行调查统计，调查数据放置于数据文件"汽车销量调查.sav"中．试在 SPSS 中进行单因素方差分析．

解　操作步骤如下．

选择菜单"分析"→"比较均值"→"单因素方差分析"，打开"单因素方差分析"对话框，依次将观测变量"销量"移入"因变量列表"框，将因素变量"地区"移入"因子"框，如图 4.51 所示．

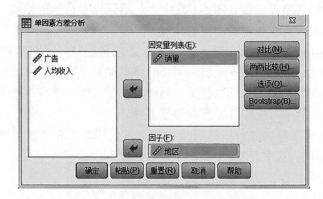

图 4.51 　"单因素方差分析"对话框

单击"两两比较"按钮，弹出"单因素 ANOVA：两两比较"子对话框，如图 4.52 所示，该对话框用于进行多重比较检验，即进行各因素水平下因变量均值的两两比较．

图 4.52 　"单因素 ANOVA：两两比较"子对话框

方差分析的原假设是各个因素水平下的因变量均值都相等，备择假设是各均值不完全相等．假如一次方差分析的结果是拒绝原假设，我们只能判断各因变量均值不完全相等，不能认为各均值完全不相等．各因素水平下因变量均值更为细致的比较就需要用多重比较检验．

"单因素 ANOVA：两两比较"子对话框中"假定方差齐性"栏给出了在因变量满足不同因素水平下方差齐性条件下的多种检验方法，这里选择最常用的"LSD"检验法；"未假定方差齐性"栏中给出了在因变量不满足方差齐性条件下的多种检验方法，这里选择"Tamhane's T2"检验法；"显著性水平"文本框用于输入多重比较检验的显著性水平，默认为 0.05.

单击"选项"按钮，弹出"单因素 ANOVA：选项"子对话框，如图 4.53 所示. 在对话框中选中"描述性"复选框，输出不同因素水平下因变量的描述统计量；选中"方差同质性检验"复选框，输出方差齐性检验结果；选中"均值图"复选框，输出不同因素水平下因变量的均值直线图.

在主对话框中单击"确定"按钮，可以得到单因素分析的结果，下面对输出结果进行分析.

图 4.54 给出了各地区汽车销量的基本描述统计量以及 95% 的置信区间.

图 4.53　"单因素 ANOVA：选项"子对话框

销量

	N	Mean	Std. Deviation	Std. Error	95% Confidence Interval for Mean		Minimum	Maximum
					Lower Bound	Upper Bound		
西	10	157.90	22.278	7.045	141.96	173.84	120	194
中	9	176.44	19.717	6.572	161.29	191.60	135	198
东	7	196.14	30.927	11.689	167.54	224.75	145	224
Total	26	174.62	27.845	5.461	163.37	185.86	120	224

图 4.54　各地区汽车销量描述统计量

图 4.55 给出了 Levene 方差齐性检验结果. 从图中可以看到，Levene 统计量对应的 Sig. 值大于 0.05，所以得到结论：不同地区汽车销量满足方差齐性.

Levene Statistic	df1	df2	Sig.
1.262	2	23	.302

图 4.55　各地区汽车销量方差齐性检验结果

图 4.56 是单因素方差分析结果，解释如下：总离差 SST = 19384.154，组间平方和 SSR = 6068.174，组内平方和（残差平方和）SSE = 13315.979，相应的自由度分别为 25，2，23；组间均方差 MSR = 3034.087，组内均方差 578.956，F = 5.241，Sig. = 0.013 < 0.05，说明在 $\alpha = 0.05$ 的显著性水平下，可认为各地区的汽车销量并不完全相同.

销量

	Sum of Squares	df	Mean Square	F	Sig.
Between Groups	6068.174	2	3034.087	5.241	.013
Within Groups	13315.979	23	578.956		
Total	19384.154	25			

图 4.56　单因素方差分析结果

4.2.5 相关分析与回归分析

1. 连续变量简单相关系数

■例4-7 在上市公司财务分析中，常常利用资产收益率、净资产收益率、每股收益率和托宾 Q 值 4 个指标来衡量公司经营绩效. 本例利用 SPSS 对这 4 个指标的相关性进行检验. 操作步骤如下.

解 打开数据文件"上市公司财务数据(连续变量相关分析). sav"，选择菜单"分析"→"相关"→"双变量"，打开图 4.57 所示的对话框，将待分析的 4 个指标移入右边的"变量"框内. 其他设置均可用默认项，单击"确定"按钮，输出结果.

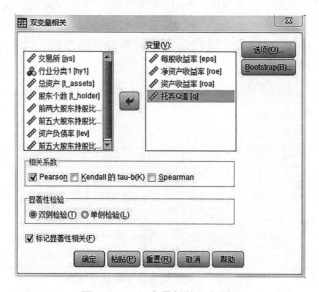

图 4.57 "双变量相关"对话框

下面对输出结果进行分析.

图 4.58 给出了皮尔逊(Pearson)简单相关分析结果. 相关系数右上角有两个星号表示皮尔逊相关系数在 0.01 的显著性水平下显著. 从图中可以看出，每股收益率、净资产收益率和总资产收益率 3 个指标之间的皮尔逊相关系数都在 0.8 以上，对应的 Sig. 值都接近 0，表示 3 个指标具有较强的正相关关系，而托宾 Q 值与其他 3 个指标之间的相关性较弱.

2. 一元线性回归分析

■例4-8 家庭住房支出与年收入的回归模型.

解 在本例中，考虑家庭年收入对住房支出的影响，建立模型如下.

$$y_i = \alpha + \beta x_i + \varepsilon_i.$$

式中，y_i 是住房支出，x_i 是年收入.

线性回归分析的基本步骤及结果分析如下.

(1)绘制散点图

打开数据文件，选择菜单"图形"→"旧对话框"→"散点/点状"，打开"散点图/点图"对话框，如图 4.59 所示.

		每股收益率	净资产收益率	资产收益率	托宾 Q 值
每股收益率	Pearson Correlation	1	.877（＊＊）	.824（＊＊）	－.073
	Sig.（2-tailed）	.	.000	.000	.199
	N	315	315	315	315
净资产收益率	Pearson Correlation	.877（＊＊）	1	.808（＊＊）	－.001
	Sig.（2-tailed）	.000	.	.000	.983
	N	315	315	315	315
资产收益率	Pearson Correlation	.824（＊＊）	.808（＊＊）	1	.011
	Sig.（2-tailed）	.000	.000	.	.849
	N	315	315	315	315
托宾 Q 值	Pearson Correlation	－.073	－.001	.011	1
	Sig.（2-tailed）	.199	.983	.849	.
	N	315	315	315	315

＊＊　Correlation is significant at the 0.01 level（2-tailed）.

图 4.58　皮尔逊简单相关分析结果

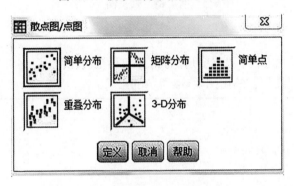

图 4.59　"散点图/点图"对话框

选择"简单分布"，单击"定义"按钮，打开"简单散点图"子对话框，设置 X 轴和 Y 轴变量，如图 4.60 所示. 单击"确定"按钮，输出结果如图 4.61 所示.

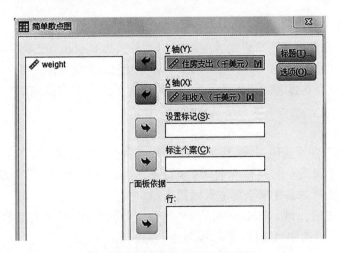

图 4.60　"简单散点图"子对话框

从图 4.61 可直观地看出住房支出与年收入之间存在线性相关关系.

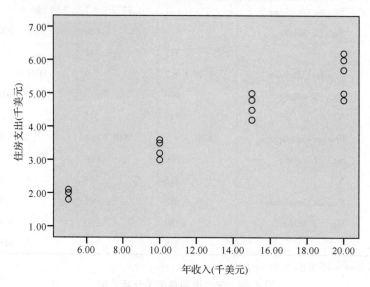

图 4.61　散点图

(2)简单相关分析

选择菜单"分析"→"相关"→"双变量",打开对话框,将"住房支出"与"年收入"变量移入"变量"框,单击"确定"按钮,输出图 4.62 所示的结果.

		住房支出(千美元)	年收入(千美元)
住房支出(千美元)	Pearson Correlation	1	.966(* *)
	Sig. (2-tailed)	.	.000
	N	20	20
年收入(千美元)	Pearson Correlation	.966(* *)	1
	Sig. (2-tailed)	.000	.
	N	20	20

* *　Correlation is significant at the 0.01 level (2-tailed).

图 4.62　住房支出与年收入相关分析结果

从图 4.62 中可以看出两变量之间的皮尔逊相关系数为 0.966,双尾检验 Sig. 值为 $0.000 < 0.05$,故两变量之间显著相关. 根据住房支出与年收入之间的散点图与相关分析结果,认为住房支出与年收入之间存在显著的正相关关系. 在此前提下进一步进行回归分析,建立一元线性回归方程.

(3)线性回归分析

选择菜单"分析"→"回归"→"线性",打开"线性回归"对话框,如图 4.63 所示. 将"住房支出"变量移入"因变量"框中,将"年收入"变量移入"自变量"框中. 在"方法"下拉列表中选择"进入"选项,表示所选自变量全部进入回归模型.

单击"统计量"按钮,弹出图 4.64 所示的"线性回归:统计量"子对话框. 在对话框中设置要输出的统计量,这里选中"估计""模型拟合度"复选框.

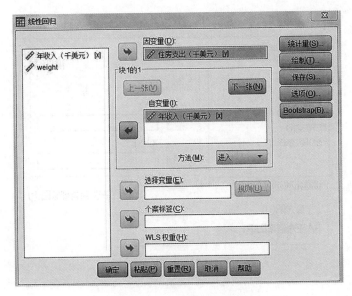

图 4.63　"线性回归"对话框

图 4.64　"线性回归：统计量"子对话框

各复选框的意义如下.

"估计"：输出有关回归系数的统计量，包括回归系数、回归系数的标准差、标准化的回归系数、t 检验统计量及其对应的 P 值等.

"置信区间"：输出每个回归系数的 95% 置信度的估计区间.

"协方差矩阵"：输出解释变量的相关系数矩阵和协方差矩阵.

"模型拟合度"：输出可决系数、调整的可决系数、回归方程的标准误差、回归方程 F 检验的方差分析结果.

单击"绘制"按钮，在"线性回归：图"子对话框中的"标准化残差图"选项栏中选中"正态概率图"复选框，以便对残差的正态性进行分析，如图 4.65 所示.

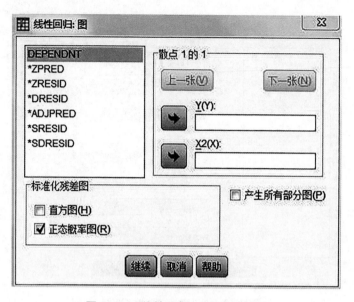

图 4.65 "线性回归：图"子对话框

单击"保存"按钮，在"线性回归：保存"子对话框中，选中"残差"选项栏中的"未标准化"复选框，这样可以在数据文件中生成一个名为"res_ 1"的残差变量，以便对残差进行进一步分析. 其余设置保持 SPSS 默认选项，如图 4.66 所示.

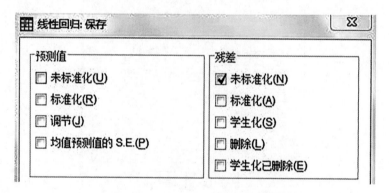

图 4.66 "线性回归：保存"子对话框

在"线性回归"主对话框中单击"确定"按钮，输出如图 4.67、图 4.68、图 4.69 所示的结果.

图 4.67 给出了回归模型的拟合优度（R Square）、调整的拟合优度（Adjusted R Square）、估计标准差（Std. Error of the Estimate）. 从结果来看，回归模型的拟合优度和调整的拟合优度分别为 0.934 和 0.930，即住房支出 90% 以上的变动都可以被该模型所解释，拟合度较高.

Model	R	R Square	Adjusted R Square	Std. Error of the Estimate
1	.966(a)	.934	.930	.37302

a Predictors：（Constant），年收入（千美元）
b Dependent Variable：住房支出（千美元）

图 4.67 回归模型拟合优度评价

图 4.68 给出了回归模型的方差分析结果,可以看到,F = 252.722,对应的 Sig. = 0.000,所以应拒绝模型整体不显著的原假设,即该模型整体是显著的.

Model		Sum of Squares	df	Mean Square	F	Sig.
1	Regression	35.165	1	35.165	252.722	.000(a)
	Residual	2.505	18	.139		
	Total	37.670	19			

a　Predictors:(Constant),年收入(千美元)

b　Dependent Variable:住房支出(千美元)

图 4.68　方差分析结果

图 4.69 给出了回归系数、回归系数的标准差、标准化的回归系数值以及各个回归系数的显著性 t 检验结果.从图中可以看到,无论是常数项还是自变量,其 t 检验统计量对应 Sig. 都小于显著性水平 0.05,因此,在 0.05 的显著性水平下都通过了 t 检验.自变量的回归系数为 0.237,即年收入每增加 1 千美元,住房支出就增加 0.237 千美元.

Model		Unstandardized Coefficients		Standardized Coefficients	t	Sig.
		B	Std. Error	Beta		
1	(Constant)	.890	.204		4.356	.000
	年收入(千美元)	.237	.015	.966	15.897	.000

a　Dependent Variable:住房支出(千美元)

图 4.69　回归系数估计及其显著性检验

4.3　基本技能二:MATLAB 统计工具箱的应用

MATLAB 统计工具箱(Statistics and Machine Learning Toolbox)提供了用于描述数据、分析数据以及为数据建模的函数和工具.用户可以使用描述性统计量、可视化和聚类进行探索性数据分析,对数据进行概率分布拟合,生成进行蒙特卡罗模拟的随机数,以及执行假设检验.回归和分类算法允许使用分类和回归学习器以交互方式,或使用 AutoML 以编程方式从数据做出推断并构建预测模型.对于多维数据分析和特征提取,统计工具箱提供了主成分分析(PCA)、正则化、降维和特征选择方法.同时提供有监督、半监督和无监督的机器学习算法,包括支持向量机 (SVM)、提升决策树、k 均值和其他聚类方法等.

4.3.1　描述性统计量和可视化

表 4.2 为 MATLAB 常见的统计描述函数.

表 4.2　MATLAB 常见的统计描述函数

函数名	功能描述	函数名	功能描述
mean	平均值、期望	mad	平均或中位数绝对偏差
std	标准差、均方差	prctile	数据集的百分位数
corrcoef	相关系数	quantile	数据集的分位数

续表

函数名	功能描述	函数名	功能描述
min	最小值	zscore	标准化 z 分数
max	最大值	corr	线性或秩相关性
median	中值	robustcov	稳健的多元协方差和均值估计
cov	协方差	cholcov	类 Cholesky 协方差分解
geomean	几何平均值	corrcov	将协方差矩阵转换为相关矩阵
harmmean	调和平均值	partialcorr	线性或秩偏相关系数
trimmean	从头部和尾部除去一定百分比的数据点，然后再求平均值	partialcorri	内部偏相关系数
kurtosis	峰度	nearcorr	通过最小化 Frobenius 距离来计算最近的相关矩阵
moment	中心矩	grpstats	按组汇总统计
skewness	偏度	tabulate	频率表
range	变量范围	crosstab	交叉表
iqr	四分位距	tiedrank	排名调整为关系

■**例 4-9** 按列计算矩阵 $A = \begin{bmatrix} 1 & 3 & 4 & 5 \\ 2 & 3 & 4 & 6 \\ 1 & 3 & 1 & 5 \end{bmatrix}$ 的均值、中值、几何平均值和调和平均值.

解 编写 MATLAB 程序及运行结果如下.

```
>> A=[1 3 4 5; 2 3 4 6; 1 3 1 5]
   A =   1    3    4    5
         2    3    4    6
         1    3    1    5
>> mean(A)
ans =    1.3333    3.0000    3.0000    5.3333
>> median(A)
ans =       1    3    4    5
M=geomean(A)
M =    1.2599    3.0000    2.5198    5.3133
M=harmmean(A)
M =    1.2000    3.0000    2.0000    5.2941
```

表 4.3 为 MATLAB 常见的统计绘图函数.

表 4.3 MATLAB 常见的统计绘图函数

函数名	功能描述	函数名	功能描述
andrewsplot	Andrews 图	gscatter	分组散点图
binScatterPlot	高维矩阵散点图	hist3	二元直方图
biplot	双标图	lsline	将最小二乘拟合线添加到散点图
boxplot	用箱线图可视化汇总统计量		
gline	以交互方式将线添加到绘图	parallelcoords	平行坐标图

函数名	功能描述	函数名	功能描述
gname	将案例名称添加到绘图	refcurve	将参考曲线添加到绘图
gplotmatrix	分组散点图矩阵	refline	将参考线添加到绘图中
glyphplot	字形图	scatterhist	边缘直方图散点图

■**例 4-10**　生成一个具有 100 个样本的总体 x_1，服从均值为 5、方差为 1 的正态分布，再生成一个具有 100 个样本的总体 x_2，服从均值为 6、方差为 1 的正态分布，然后用箱图可视化 x_1 和 x_2.

解　编写 MATLAB 程序如下.

```
>>x1 = normrnd ( 5, 1, 100, 1 ) ;
>>x2 = normrnd ( 6, 1, 100, 1 ) ;
>>x = [x1 x2];
>> boxplot ( x, 1,'g+', 1, 0 )
```

绘制的箱图如图 4.70 所示.

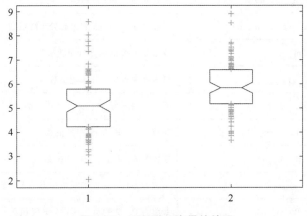

图 4.70　两组随机变量的箱图

■**例 4-11**　产成一个具有 100 个样本的总体 r，服从均值为 10、方差为 1 的正态分布，绘制 r 的直方图和相应正态分布的拟合曲线.

解　编写 MATLAB 程序如下.

```
>>r = normrnd (10,1,100,1);
>>histfit(r)
```

绘制的图表如图 4.71 所示.

4.3.2　概率分布

相关操作包括对样本数据进行概率分布拟合，计算 PDF 和 CDF 等概率函数，计算均值和中值等汇总统计量，可视化样本数据，生成随机数等.

常见的随机数生成函数如表 4.4 所示.

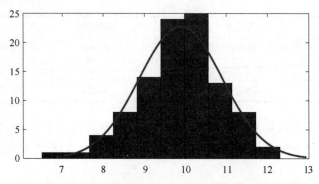

图 4.71 直方图和正态分布的拟合曲线

表 4.4 常见的随机数生成函数

函数名	调用形式	功能描述
unifrnd	unifrnd(A, B, m, n)	[A, B]上均匀分布(连续)随机数
unidrnd	unidrnd(N, m, n)	均匀分布(离散)随机数
exprnd	exprnd(lambda, m, n)	参数为 lambda 的指数分布随机数
normrnd	normrnd(mu, sigma, m, n)	参数为 mu, sigma 的正态分布随机数
chi2rnd	chi2rnd(N, m, n)	自由度为 N 的卡方分布随机数
trnd	trnd(N, m, n)	自由度为 N 的 t 分布随机数
frnd	frnd(N1, N2, m, n)	第一自由度为 N1, 第二自由度为 N2 的 F 分布随机数
gamrnd	gamrnd(A, B, m, n)	参数为 A, B 的 γ 分布随机数
betarnd	betarnd(A, B, m, n)	参数为 A, B 的 β 分布随机数
lognrnd	lognrnd(mu, sigma, m, n)	参数为 mu, sigma 的对数正态分布随机数
nbinrnd	nbinrnd(R, P, m, n)	参数为 R, P 的负二项式分布随机数
ncfrnd	ncfrnd(N1, N2, delta, m, n)	参数为 N1, N2, delta 的非中心 F 分布随机数
nctrnd	nctrnd(N, delta, m, n)	参数为 N, delta 的非中心 t 分布随机数
ncx2rnd	ncx2rnd(N, delta, m, n)	参数为 N, delta 的非中心卡方分布随机数
raylrnd	raylrnd(B, m, n)	参数为 B 的瑞利分布随机数
weibrnd	weibrnd(A, B, m, n)	参数为 A, B 的韦伯分布随机数
binornd	binornd(N, P, m, n)	参数为 N, P 的二项分布随机数
geornd	geornd(P, m, n)	参数为 P 的几何分布随机数
hygernd	hygernd(M, K, N, m, n)	参数为 M, K, N 的超几何分布随机数
poissrnd	poissrnd(lambda, m, n)	参数为 lambda 的泊松分布随机数

■例 4-12 产生 12 个(3 行 4 列)均值为 2, 标准差为 0.3 的正态分布随机数.

解 编写 MATLAB 程序及运行结果如下.

```
>> y=random('norm',2,0.3,3,4)
y = 2.3567    2.0524    1.8235    2.0342
    1.9887    1.9440    2.6550    2.3200
    2.0982    2.2177    1.9591    2.0178
```

■例 4-13　按步骤产生随机数：

（1）产生一个参数为（10，0.5）的二项分布随机数；

（2）产生 6 个参数为（10，0.5）的二项分布随机数；

（3）产生 10 个参数为（10，0.5）的二项分布随机数；

（4）产生 6 个（2 行 3 列）参数为（10，0.5）的二项分布随机数.

解　编写 MATLAB 程序及运行结果如下.

```
>> R=binornd(10,0.5)
R =    3
>> R=binornd(10,0.5,1,6)
R =    8    1    3    7    6    4
>> R=binornd(10,0.5,[1,10])
R =    6    8    4    6    7    5    3    5    6    2
>> R=binornd(10,0.5,[2,3])
R = 7    5    8
    6    5    6
```

常见的概率密度函数如表 4.5 所示.

表 4.5　常见的概率密度函数

函数名	调用形式	功能描述
unifpdf	unifpdf(x,a,b)	[a,b]上均匀分布(连续)概率密度在 X=x 处的函数值
unidpdf	Unidpdf(x,n)	均匀分布(离散)概率密度函数值
exppdf	exppdf(x,lambda)	参数为 lambda 的指数分布概率密度函数值
normpdf	normpdf(x,mu,sigma)	参数为 mu，sigma 的正态分布概率密度函数值
chi2pdf	chi2pdf(x,n)	自由度为 n 的卡方分布概率密度函数值
tpdf	tpdf(x,n)	自由度为 n 的 t 分布概率密度函数值
fpdf	fpdf(x,n1,n2)	第一自由度为 n1，第二自由度为 n2 的 F 分布概率密度函数值
gampdf	gampdf(x,a,b)	参数为 a，b 的 γ 分布概率密度函数值
betapdf	betapdf(x,a,b)	参数为 a，b 的 β 分布概率密度函数值
lognpdf	lognpdf(x,mu,sigma)	参数为 mu，sigma 的对数正态分布概率密度函数值
nbinpdf	nbinpdf(x,R,P)	参数为 R，P 的负二项式分布概率密度函数值
ncfpdf	ncfpdf(x,n1,n2,delta)	参数为 n1，n2，delta 的非中心 F 分布概率密度函数值
nctpdf	nctpdf(x,n,delta)	参数为 n，delta 的非中心 t 分布概率密度函数值
ncx2pdf	ncx2pdf(x,n,delta)	参数为 n，delta 的非中心卡方分布概率密度函数值
raylpdf	raylpdf(x,b)	参数为 b 的瑞利分布概率密度函数值
weibpdf	weibpdf(x,a,b)	参数为 a，b 的韦伯分布概率密度函数值
binopdf	binopdf(x,n,p)	参数为 n，p 的二项分布的概率密度函数值

续表

函数名	调用形式	功能描述
geopdf	geopdf(x,p)	参数为 p 的几何分布的概率密度函数值
hygepdf	hygepdf(x,M,K,N)	参数为 M，K，N 的超几何分布的概率密度函数值
poisspdf	poisspdf(x,lambda)	参数为 lambda 的泊松分布的概率密度函数值

■例 **4-14** 绘制自由度分别为1,5,15的卡方分布概念密度函数图形.

解 编写 MATLAB 程序如下.

```
>> x=0:0.1:30;
>> y1=chi2pdf(x,1); plot(x,y1,':')
>> hold on
>> y2=chi2pdf(x,5);plot(x,y2,'+')
>> y3=chi2pdf(x,15);plot(x,y3,'o')
>> axis([0,30,0,0.2])
```

绘制的函数图形如图 4.72 所示.

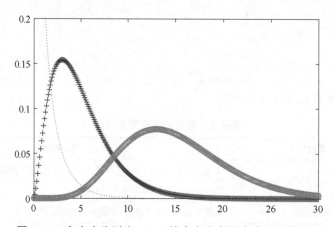

图 4.72 自由度分别为1,5,15的卡方分布概率密度函数图形

常见的累积分布函数如表 4.6 所示.

表 4.6 常见的累积分布函数

函数名	调用形式	注释
unifcdf	unifcdf(x,a,b)	[a,b]上均匀分布(连续)累积分布函数值
unidcdf	unidcdf(x,n)	均匀分布(离散)累积分布函数值
expcdf	expcdf(x,lambda)	参数为 lambda 的指数分布累积分布函数值
normcdf	normcdf(x,mu,sigma)	参数为 mu，sigma 的正态分布累积分布函数值
chi2cdf	chi2cdf(x,n)	自由度为 n 的卡方分布累积分布函数值
tcdf	tcdf(x,n)	自由度为 n 的 t 分布累积分布函数值
fcdf	fcdf(x,n1,n2)	第一自由度为 n1，第二自由度为 n2 的 F 分布累积分布函数值

函数名	调用形式	注释
gamcdf	gamcdf(x,a,b)	参数为 a，b 的 α 分布累积分布函数值
betacdf	betacdf(x,a,b)	参数为 a，b 的 β 分布累积分布函数值
logncdf	logncdf(x,mu,sigma)	参数为 mu，sigma 的对数正态分布累积分布函数值
nbincdf	nbincdf(x,R,P)	参数为 R，P 的负二项式分布概累积分布函数值
ncfcdf	ncfcdf(x,n1,n2,delta)	参数为 n1，n2，delta 的非中心 F 分布累积分布函数值
nctcdf	nctcdf(x,n,delta)	参数为 n，delta 的非中心 t 分布累积分布函数值
ncx2cdf	ncx2cdf(x,n,delta)	参数为 n，delta 的非中心卡方分布累积分布函数值
raylcdf	raylcdf(x,b)	参数为 b 的瑞利分布累积分布函数值
weibcdf	weibcdf(x,a,b)	参数为 a，b 的韦伯分布累积分布函数值
binocdf	binocdf(x,n,p)	参数为 n，p 的二项分布的累积分布函数值
geocdf	geocdf(x,p)	参数为 p 的几何分布的累积分布函数值
hygecdf	hygecdf(x,M,K,N)	参数为 M，K，N 的超几何分布的累积分布函数值
poisscdf	poisscdf(x,lambda)	参数为 lambda 的泊松分布的累积分布函数值

■例 4-15　求标准正态分布随机变量 X 落在区间 $(-\infty，0.4)$ 内的概率.

　解　编写 MATLAB 程序及运行结果如下.

```
>> cdf('norm',0.4,0,1)
ans =   0.6554
```

■例 4-16　求自由度为 16 的卡方分布随机变量落在 $[0，6.91]$ 内的概率.

　解　编写 MATLAB 程序及运行结果如下.

```
>> cdf('chi2',6.91,16)
ans =   0.0250
```

4.3.3　假设检验

分布检验(如安德森-达林(Anderson-Darling)检验和单样本科尔莫戈罗夫-斯米尔诺夫(Kolmogorov-Smirnov)检验)可以检验样本数据是否来自具有特定分布的总体. 双样本 Kolmogorov-Smirnov 检验可以检验两组样本数据是否具有相同的分布.

位置检验(如 Z 检验和单样本 t 检验)可以检验样本数据是否来自具有特定均值或中位数的总体. 双样本 t 检验或多重比较检验可以检验两组或多组样本数据是否具有相同的位置值.

散度检验可以检验样本数据是否来自具有特定方差的总体. 双样本 F 检验或多样本检验可以比较两个或多个样本数据集的方差.

通过交叉表分析和随机性游程检验确定样本数据的其他特征，并确定假设检验的样本大小和幂.

1. 分布检验

常用分布检验函数如表 4.7 所示.

表 4.7　常用分布检验函数

函数名	功能描述	函数名	功能描述
adtest	安德森-达林(Anderson-Darling)检验	jbtest	雅克-贝拉(Jarque-Bera)检验
chi2gof	卡方拟合优度检验	kstest	单样本科尔莫戈罗夫-斯米尔诺夫 (Kolmogorov-Smirnov)检验
crosstab	交叉表	kstest2	双样本科尔莫戈罗夫-斯米尔诺夫 (Kolmogorov-Smirnov)检验
dwtest	带有残差输入的德宾-沃森(Durbin-Watson)检验	lillietest	Lilliefors 检验
fishertest	费雪(Fisher)精确检验	runstest	随机性测试

■**例 4-17**　对 examgrades 数据集中的 grades 数据进行单样本 Kolmogorov-Smirnov 检验.

解　编写 MATLAB 程序如下.

```
loadexamgrades;
x = grades(:,1);
test_ cdf = [x,cdf('tlocationscale',x,75,10,1)];
h = kstest(x,'CDF',test_ cdf)
```

运行结果如下.

```
h =  logical
      1
```

2. 位置检验

常用位置检验函数如表 4.8 所示.

表 4.8　常用位置检验函数

函数名	功能描述	函数名	功能描述
friedman	弗里德曼(Friedman)检验	signrank	Wilcoxon 符号秩检验
kruskalwallis	克鲁斯卡尔-沃利斯(Kruskal-Wallis)检验	signtest	标记测试
multcompare	多重比较测试	ttest	单样本和配对样本 t 检验
ranksum	威尔科克森(Wilcoxon)秩和检验	ttest2	双样本 t 检验
sampsizepwr	样本大小和功效检验	ztest	Z 检验

■**例 4-18**　对 stockreturns 数据集中的 stocks 数据进行单样本 t 检验.

解　编写 MATLAB 程序如下.

```
loadstockreturns
x = stocks(:,3);
[h,p,ci,stats] = ttest(x)
```

运行结果如下.

```
h =    1
p =    0.0106
ci = -0.7357
     -0.0997
```

```
stats =   tstat: -2.6065
            df: 99
            sd: 1.6027
```

3. 散度检验

常用散度检验函数如表 4.9 所示.

表 4.9 常用散度检验函数

函数名	功能描述	函数名	功能描述
ansaribradley	安萨里-布拉德利(Ansari-Bradley)检验	vartest	卡方方差检验
barttest	巴特利特(Bartlett)检验	vartest2	等方差的双样本 F 检验
sampsizepwr	样本大小和功效检验	vartestn	等方差的多样本检验

■**例 4-19** 对 examgrades 数据集中的 grades 数据进行卡方方差检验.

解 编写 MATLAB 程序如下.

```
loadexamgrades
x = grades(:,1);
[h,p,ci,stats] = vartest(x,25)
```

运行结果如下.

```
h =    1
p =    0
ci = 59.8936
   99.7688
stats =
   chisqstat: 361.9597
         df: 119
```

4.3.4 方差分析

方差分析(ANOVA)是指确定响应变量的变异是出现在总体组内还是出现在不同总体组之间的过程. MATLAB 统计工具箱提供了单因素/双因素/多因素方差分析(ANOVA)、多元方差分析(MANOVA)、重复测量模型以及协方差分析(ANCOVA)等功能.

常用散度检验函数如表 4.10 所示.

表 4.10 常用散度检验函数

函数名	功能描述	函数名	功能描述
anova1	单因素方差分析	canoncorr	典型相关
anova2	双因素方差分析	dummyvar	创建虚拟变量
anovan	多因素方差分析	friedman	费里德曼(Friedman)检验
aoctool	协方差的交互式分析	kruskalwallis	克鲁斯卡尔-沃利斯(Kruskal-Wallis)检验
multcompare	多重比较测试		

例 4-20 产生一个 1 至 5 的二维等差数据，并在数据上添加白噪声，最后进行单因素方差分析．

解 编写 MATLAB 程序如下．

```
y = meshgrid(1:5);
rngdefault; % For reproducibility
y = y + normrnd(0,1,5,5);
p = anova1(y)
```

运行结果如图 4.73 和图 4.74 所示．

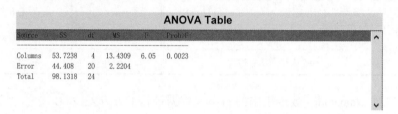

图 4.73 MATLAB 单因素方差分析统计

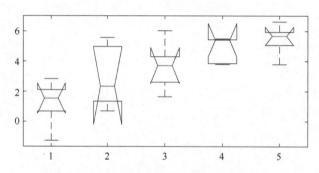

图 4.74 MATLAB 箱式单因素方差分析图

4.3.5 回归分析

回归模型描述响应(输出)变量与一个或多个预测(输入)变量之间的关系．MATLAB 统计工具箱允许拟合线性模型、广义线性模型和非线性回归模型，包括逐步模型和混合效应模型．拟合模型后，可以使用它来预测或仿真响应，使用假设检验来评估模型拟合，或者使用绘图来可视化诊断、残差和交互作用．

常用回归分析函数如表 4.11 所示．

表 4.11 常用回归分析函数

函数名	功能描述	函数名	功能描述
regress	多元线性回归	stepwisefit	使用逐步回归拟合线性回归模型
fitlm	拟合线性回归模型	mvregress	多元线性回归
stepwise	交互式逐步回归	nlinfit	非线性回归

例 4-21 试对 carsmall 数据集中的汽车销售数据进行多元线性回归．

解 编写 MATLAB 程序如下．

```
loadcarsmall
x1 = Weight;
x2 = Horsepower;% Contains NaN data
y = MPG;
X = [ones(size(x1)) x1 x2 x1.*x2];
b = regress(y,X)% Removes NaN data
```

运行结果如下.

```
b =   60.7104   -0.0102   -0.1882    0.0000
```

4.3.6　聚类分析

聚类分析，也称为分割分析或分类分析，可将样本数据分成一个个组(即簇).同一簇中的对象是相似的，不同簇中的对象则明显不同.MATLAB 统计工具箱提供了几种聚类方法和相似性度量(也称为距离度量)来创建簇.此外，簇计算可以按照不同的计算标准确定数据的最佳簇数.聚类可视化选项包括树状图和轮廓图.

常用聚类分析函数如表 4.12 所示.

表 4.12　常用聚类分析函数

函数名	功能描述	函数名	功能描述
cluster	从链接构建凝聚集群	squareform	格式化距离矩阵
clusterdata	从数据构建凝聚集群	kmeans	k 均值聚类
cophenet	Cophenetic 相关系数	kmedoids	k 中心点聚类
inconsistent	不一致系数	mahal	基于参考样本的马氏距离
linkage	凝聚层次聚类树	dbscan	基于密度的噪声应用空间聚类（DBSCAN）
pdist	成对观测值之间的两两距离	spectralcluster	光谱聚类

■**例 4-22**　试对 fisheriris 数据集中的 meas 数据进行 k 均值聚类分析.

解　编写 MATLAB 程序如下.

```
loadfisheriris
X = meas(:,3:4);
figure;
plot(X(:,1),X(:,2),'k*','MarkerSize',5);
title'Fisher''s Iris Data';
xlabel'Petal Lengths (cm)';
ylabel'Petal Widths (cm)';
rng(1);% For reproducibility
[idx,C] = kmeans(X,3);
```

运行结果如图 4.75 所示.

在 kmeans 函数的返回变量 idx 中，数字 1、2、3 分别表示所属的类别.

```
C =
   4.2926    1.3593
```

```
5.6261    2.0478
1.4620    0.2460
```

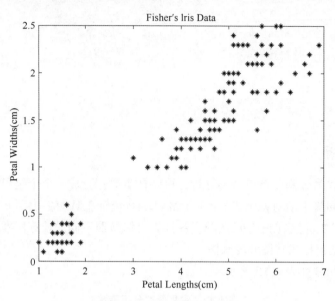

图 4.75　meas 数据散点图

4.3.7　判别分析、主成分分析与因子分析

分类是一种有监督的机器学习，在此过程中，算法"学习"如何对带标签的数据示例中的新观测值进行分类．也可通过特征转换方法来减少数据的维度．

常用判别分析、主成分分析和因子分析函数如表 4.13 所示．

表 4.13　常用判别分析、主成分分析和因子分析函数

函数名	功能描述	函数名	功能描述
predict	使用判别分析分类模型预测标签	pca	原始数据的主成分分析
resubPredict	预测判别分析分类模型的替换标签	pcacov	协方差矩阵的主成分分析
classify	使用判别分析对观测值进行分类	pcares	主成分分析的残差
rica	使用重建 ICA 进行特征提取	ppca	概率主成分分析
sparsefilt	使用稀疏过滤进行特征提取	factoran	因子分析
barttest	Bartlett 检验		

■例 4-23　试对 hald 数据集中的 ingredients 数据进行主成分分析．

解　编写 MATLAB 程序如下．

```
loadhald
coeff = pca ( ingredients )
```

运行结果如下．

```
coeff =
  -0.0678   -0.6460    0.5673    0.5062
  -0.6785   -0.0200   - 0.5440   0.4933
   0.0290    0.7553    0.4036    0.5156
   0.7309   -0.1085   - 0.4684   0.4844
```

4.4　实践创新一：风电功率预测

4.4.1　问题的提出

　　风是跟地面大致平行的空气流动，是由于冷热气压分布不均匀而产生的空气流动现象. 我国位于亚洲大陆东南，濒临太平洋西岸，季风强盛，夏季风来自热带太平洋的东南风和来自赤道附近印度洋的西南风. 东南季风的影响范围遍及我国东南半壁. 此外，东南沿海常受台风影响，从海洋吹向大陆. 冬季风来自西伯利亚或北冰洋，多受冷高压带的控制，每年冬季伊始，直到次年春夏之交，冬季风在华北地区达 7 个月，东北地区长达 9 个月，青藏高原则受高空气流的影响，冬春季盛行偏西风，夏季多东南风.

　　风能是一种可再生、清洁的能源，风力发电是最具大规模开发技术经济条件的可再生能源. 现今风力发电主要利用的是近地风能.

　　作为新能源主力军之一，风电在 2020 年持续维持高景气度. 根据国家能源局正式公布的数据，截至 2020 年年底，我国电源新增装机容量为 19087 万 kW，其中风电并网装机容量达 7167 万 kW，占比高达 37.5%，风电累计装机突破 2.8 亿 kW，这是 2010 年以来我国风电年新增装机连续 11 年居世界第一. 图 4.76 所示为赣州市上犹双溪风力发电厂.

图 4.76　赣州市上犹双溪风力发电厂

　　近地风具有波动性、间歇性、低能量密度等特点，因而风电功率也是波动的.

　　大规模风电厂接入电网运行时，大幅度的风电功率波动会对电网的功率平衡和频率调节带来不利影响.

　　如果可以对风电厂的发电功率进行预测，电力调度部门就能够根据风电功率变化预先安排调度计划，保证电网的功率平衡和运行安全.

因此，如何对风电厂的发电功率尽可能准确地预测，是急需解决的问题.

为更好地管理风力发电，不少风电厂都会对各机组进行监测，如何通过现有的检测数据对各机组进行风电功率实时预测呢?

4.4.2 模型的建立与求解

某风电厂的实测功率如表 4.14 所示.

表 4.14 某风电厂的实测功率

日期	监测时间点						
	1	2	3	···	94	95	96
2018/2/1	411.3750	92.8125	−3	···	77.0625	88.9688	91.5
2018/2/2	86.9063	62.0625	22.875	···	182.4375	75.5625	28.5
2018/2/3	45	17.7188	7.7813	···	610.2188	561.5625	613.2188
2018/2/4	627.9375	597.8438	479.1563	···	635.25	551.3438	447.2813
2018/2/5	388.875	445.5	563.625	···	259.3125	274.7813	257.4375
2018/2/6	181.3125	245.8125	294.8438	···	239.3438	177.0938	312.2813
2018/2/7	568.2188	531.75	400.5938	···	−0.75	−0.75	−0.75
2018/2/8	−0.75	−0.75	−0.75	···	87.4688	215.5313	385.5
2018/2/9	425.625	341.25	328.5938	···	338.4375	502.9688	662.9063
2018/2/10	483.75	399.6563	503.7188	···	363	405	359.1563
2018/2/11	73.0313	−4.2188	114.375	···	321.2813	318.9375	297.2813
2018/2/12	311.1563	427.5	335.3438	···	646.9688	660.5625	467.25
2018/2/13	753	511.9688	686.1563	···	118.125	165.75	106.125
2018/2/14	208.2188	229.125	263.7188	···	210.0938	196.125	188.8125
2018/2/15	174.375	216.2813	172.5	···	490.875	137.5313	325.125
2018/2/16	129.0938	47.5313	129.6563	···	550.5938	501.8438	473.9063
2018/2/17	461.25	448.5938	352.0313	···	−2.4375	−1.125	−0.75
2018/2/18	−0.9375	18.4688	7.9688	···	−4.2188	−2.625	−1.875
2018/2/19	−1.125	−0.75	−0.9375	···	464.1563	396.9375	443.8125
2018/2/20	574.9688	516.75	549.0938	···	503.3438	258.0938	433.4063
2018/2/21	480.75	562.6875	657.6563	···	279.0938	425.1563	195.1875
2018/2/22	249.0938	355.3125	362.8125	···	144.6563	180.75	153.0938
2018/2/23	216.2813	292.5	173.625	···	250.875	361.5	343.9688
2018/2/24	347.8125	380.625	353.5313	···	93.5625	69.1875	18.75
2018/2/25	78.4688	40.7813	33.0938	···	377.7188	361.875	435.9375
2018/2/26	544.5938	490.3125	498.75	···	112.2188	64.2188	49.5938

日期	监测时间点						
	1	2	3	⋯	94	95	96
2018/2/27	29.0625	12.375	43.125	⋯	336.8438	313.5938	325.2188
2018/2/28	365.4375	332.25	452.8125	⋯	128.3438	134.625	131.4845

　　首先，根据监测数据，对时间段内选定的 A、B、C 三台机组的功率 P_A、P_B、P_C 分别进行统计绘图，如图 4.77~图 4.79 所示.

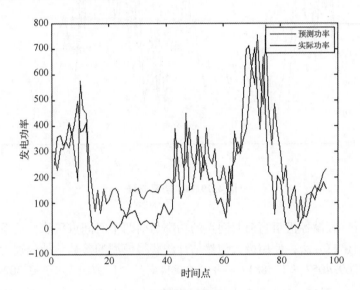

图 4.77　P_A 功率曲线

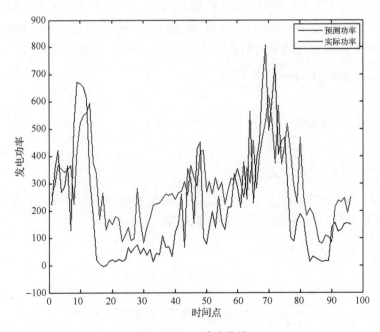

图 4.78　P_B 功率曲线

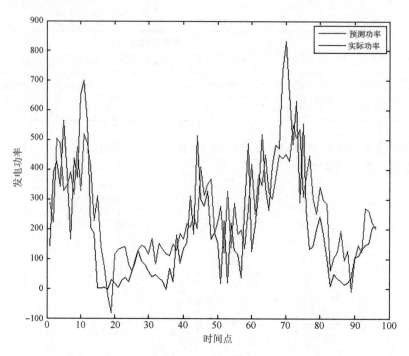

图 4.79 P_C 功率曲线

通过图形分析，假设各机组当前时间点的功率与前两个时间点呈线性关系.
依照线性回归建模方法，使用极大似然估计法获得模型的参数估计分别为

$$P_A：\hat{y}_t = 269.4057 - 1.8881\,\hat{y}_{t-1} + 0.88844\,\hat{y}_{t-2} - 1.2765\,\hat{\varepsilon}_{t-1} + 0.30239\,\hat{\varepsilon}_{t-2},$$

$$P_B：\hat{y}_t = 231.7165 - 1.8762\,\hat{y}_{t-1} + 0.87663\,\hat{y}_{t-2} - 1.2953\,\hat{\varepsilon}_{t-1} + 0.32144\,\hat{\varepsilon}_{t-2},$$

$$P_C：\hat{y}_t = 222.7115 - 1.8868\,\hat{y}_{t-1} + 0.88712\,\hat{y}_{t-2} - 1.2855\,\hat{\varepsilon}_{t-1} + 0.30922\,\hat{\varepsilon}_{t-2},$$

$$P_D：\hat{y}_t = 236.1261 - 1.8818\,\hat{y}_{t-1} + 0.88224\,\hat{y}_{t-2} - 1.2782\,\hat{\varepsilon}_{t-1} + 0.30509\,\hat{\varepsilon}_{t-2}.$$

采用以下判断指标对预测结果的精度和可靠性进行评价、分析.

(1) 均方百分比误差：$\mathrm{MSPE} = \dfrac{1}{N}\sum\limits_{t=1}^{N} |\hat{y}_t - y_t|$.

(2) 平均相对误差：$\mathrm{MAPE} = \dfrac{1}{N}\sum\limits_{t=1}^{n} \left| \dfrac{\hat{y}_t - y_t}{y_t} \right| \times 100\%$.

(3) 精确度：$r_1 = \left[1 - \sqrt{\dfrac{1}{N}\sum\limits_{k=1}^{N}\left(\dfrac{P_{Mk} - P_{Pk}}{Cap} \right)^2} \right] \times 100\%$.

其中，P_{Mk} 为 k 时段的实际平均功率；P_{Pk} 为 k 时段的预测平均功率；N 为日考核总时段数 (取 96 点 − 免考核点数)；Cap 为风电场的开机容量.

(4) 合格率：$r_2 = \dfrac{1}{N}\sum\limits_{k=1}^{N} B_k \times 100\%$.

其中，

$$\left(1 - \dfrac{P_{Mk} - P_{Pk}}{Cap} \right) \times 100\% \geqslant 75 \times 100\%,\ B_k = 1,$$

$$\left(1 - \dfrac{P_{Mk} - P_{Pk}}{Cap} \right) \times 100\% < 75 \times 100\%,\ B_k = 0.$$

通过 MATLAB 的计算，得到各项指标如表 4.15 所示.

表 4.15 各项指标

	P_A	P_B	P_C	P_D	P_4	P_{58}
均方百分比误差(%)	6.68	1101.41	24.27	25.79	111.39	66.85
平均相对误差(%)	57.07	4641.00	47.12	165.40	85.14	52.28
精确度(%)	63.77	71.86	68.63	63.29	79.30	75.40
合格率(%)	94.79	68.75	77.08	87.50	82.11	75.00

4.5 实践创新二：电力系统负荷预报

4.5.1 问题的提出

负荷预报(这里主要指短期负荷预报)是电力系统运行必不可少的计算. 负荷预报结果准确与否，对系统运行的经济性、安全性都有影响. 电力工业市场化进程的加快对各级调度中心的负荷预报功能都提出了更高的要求，特别是以往不太关注负荷预报的各地区级电力调度中心，也面临着提高负荷预报水平的严峻挑战和繁重任务.

电力负荷的变化主要受人们生产、生活规律的支配而呈现规律性，并受气象等因素的影响. 一个区域的总负荷是难以计数的个别负荷的总和，故负荷中必然有随机变化的分量. 负荷变化的周期性和随机性是一对矛盾，两者之间的消长决定了负荷的可预报性，并且是影响负荷预报精度的重要因素.

提高负荷预报的准确度是从事负荷预报的研究者不断追求的目标，但捉摸不定的预报误差犹如挥之不去的影子相伴左右，事实上，用于建模的负荷历史数据、所建立的预报模型、模型本身的误差以及预报产生的误差之间都存在一些内在联系，有些甚至是相互依存的关系. 不同地区、不同时段负荷规律性的差异将对负荷预报结果产生支配性的影响，而以往主要研究预报方法本身，缺少对负荷规律性及其对预报误差影响的研究，因此，将历史数据、建模方法和误差分析结合起来进行研究，才能更全面评价各相关因素的作用，了解预报误差的构成，使预报者可以清晰、透彻地把握预报过程.

4.5.2 模型的建立与求解

本节提出一种包括误差评价的负荷预报方法，该方法对负荷历史数据、预报模型和预报误差进行综合研究，在规律性评价和误差分析的基础上进行预报.

1. 负荷历史数据、预报模型和预报误差间的关系

负荷预报的基础在于负荷的变化在相当程度上是有规律的. 这种规律可以通过对一定窗宽的历史数据进行建模表达. 设建模的负荷数据所在的时间域为 D^-，预报的负荷数据所在的时间域为 D^+.

一般而言，对于一定窗宽的历史负荷数据 $P^-(t)(t \in D^-)$，若经由任何方法得到可预报的负荷模型，其在 D^- 内的响应为 $M^-(t)$，则建模误差(或窗内误差)为

$$\varepsilon_1^-(t) = P^-(t) - M^-(t), \ t \in D^-. \tag{1}$$

用 $M^-(t)$ 预报次日负荷时，若预报日负荷 $P^+(t)$ 与 D^- 内负荷有相同的模式，则与 $\varepsilon_1^-(t)$ 有相同统计特性的误差将延续到 D^+ 内. 同时还可能出现一个外推误差 $\varepsilon_E^+(t)$，故负荷的预报误差可表示为

$$\varepsilon_\Sigma^+(t) = \varepsilon_I^-(t) + \varepsilon_E^+(t) = P^+(t) - M^+(t), \ t \in D^+. \tag{2}$$

在负荷预报的实践中，预报误差占相应时刻负荷的百分数——相对误差也是一个重要指标. 于是可定义相对建模误差和相对预报误差，分别为

$$\varepsilon_I^{-*}(t) = \frac{\varepsilon_I^+(t)}{P^-(t)} = \frac{P^-(t) - M^-(t)}{P^-(t)}, \ t \in D^-, \tag{3}$$

$$\varepsilon_\Sigma^{+*}(t) = \frac{\varepsilon_\Sigma^+(t)}{P^+(t)} = \frac{P^+(t) - M^+(t)}{P^+(t)}, \ t \in D^+. \tag{4}$$

事实上，根据任意一种(或多种)负荷建模方法，总可以将一组用于建模的负荷数据 $P^-(t)$ 分解为

$$P^-(t) = \sum_{i=1}^{k_m} M_i^-(t) + \sum_{i=1}^{k_u} U_i^-(t) = M^-(t) + U^-(t), \tag{5}$$

式中，$M_i^-(t)$ 是某种规律负荷模型的响应，将导致对本来负荷相应分量的预报；$U_i^-(t)$ 是对未来负荷预报精度无实质性贡献的负荷分量.

对比式(1)和式(5)可知，建模误差为

$$\varepsilon_I^-(t) = U^-(t), \ t \in D^-. \tag{6}$$

由以上分析可见，建模误差的大小既与 $P^-(t)$ 的规律性强弱有关，又与所采用的建模方法有关. 当负荷历史数据既定时，小的相对建模误差对应于好的建模方法；当建模方法既定时，小的相对建模误差对应于具有更强规律性的负荷历史数据.

当采用所建立的模型进行预报时，可得到预报时域(如次日) D^+ 内预报模型的反应 $M^+(t)$ 即预报的负荷. 若考虑在预报时域 D^+ 中存在与建模时域 D^- 内相同统计特征的建模误差 $\varepsilon_I^+(t)$，则有理想的预报负荷应为 $P_p^+(t)$. 预报时域内最终实际发生的负荷 $P^+(t)$ 或多或少会有其独特的变化，因而 $P^+(t)$ 与 $P_p^+(t)$ 之差即外推误差 $\varepsilon_E^+(t)$.

实际上，对于给定的负荷历史数据 $P^+(t)$ 和既定的建模方法，相对建模误差 $\varepsilon_I^{-*}(t)$ 的统计特征反映了在 D^- 内模型响应 $M^-(t)$ 逼近 $P^-(t)$ 的程度，并且反映了负荷历史数据的规律性和 D^- 内模型的有效性. 因而，相对建模误差是对 D^- 内负荷规律性的一种量度.

2. 基于时间序列频域分析的内蕴误差评价预报方法

对任意时间序列 X 可做有限傅里叶分解，若将 D^- 内的负荷时间序列分解后，依一定的频率特性进行组合，可将 $P^-(t)$ 重构成如下形式.

$$P^-(t) = a_0 + D(t) + W(t) + R(t). \tag{7}$$

式中，$D(t)$ 的周期为 $96\Delta t (\Delta t = 15\text{min})$，它是负荷中以 24h 为周期变化的分量；$a_0 + D(t)$ 即负荷的日周期分量；$W(t)$ 的周期为 $7 \times 96\Delta t$，是负荷的星期周期分量；$R(t)$ 为在 $P^-(t)$ 中扣除 $a_0, D(t), W(t)$ 之后的剩余分量，它反映了气象因素等慢变相关因素对负荷的影响以及负荷变化的随机性.

日周期分量 $a_0 + D(t)$ 和星期周期分量 $W(t)$ 是按固定周期变化的负荷分量，因而在预报时可以直接外推. 因此，关键问题是如何对剩余分量 $R(t)$ 建立预报模型. 对剩余分量 $R(t)$ 建模

应反映其主要变化规律.

事实上, $R(t)$ 的主要变化规律是以其低频分量为代表的, 且其高频分量在实际预报中也会因多步预报的困难而难以对改善预报结果有实质性贡献. 故可通过下面滤波模型来考虑 $R(t)$ 的建模. 将 $R(t)$ 序列中每 h 个点取均值, 则可进行分解.

$$R(t) = L_h(t) + H_h(t), \tag{8}$$

$$L_h(t) = \sum_{i=kh+1}^{(k+1)h} R(i)/h, \tag{9}$$

$$kh + 1 \leq t \leq (k+1)h, \tag{10}$$

式中, h, k 为整数.

$L_h(t)$ 是一阶梯状曲线, 反映 $R(t)$ 的主要变化趋势, $H_h(t)$ 是分离出的高频分量. 显然, h 的大小决定了 $L_h(t)$ 逼近 $R(t)$ 的程度. 当 $h = 1$ 时有 $L_h(t) = R(t)$, $H_h(t) = 0$. 适当选取 h, 可以有效滤除 $R(t)$ 中的高频分量, 并尽可能减少日负荷预报时的外推步数.

用二阶自回归模型 $R_m(t)$ 表示 D^- 内的 $L_{48}(t)$:

$$L_{48}(i) = R_m(i) + a_i(i), \tag{11}$$

$$R_m(i) = \varphi_1 R_m(i-1) + \varphi_2 R_m(i-2), \ i = 3, 4, \cdots, 2N. \tag{12}$$

式中, a_i 为误差项, $R_m(i)$ 为 AR2 模型. 于是式(7)可表示为

$$P^-(t) = a_0 + D(t) + W(t) + R_m(t) + a_i(t) + H_{48}(t), \ t \in D^-. \tag{13}$$

分析建模误差与预报误差之间的关系. 对比式(5)、式(6)和式(13)有

$$M^-(t) = a_0 + D(t) + W(t) + R_m(t), \ t \in D^-, \tag{14}$$

$$\varepsilon_I^-(t) = U^-(t) = a_i(t) + H_{48}(t) = \varepsilon_I(t) + \varepsilon_H(t), \ t \in D^-. \tag{15}$$

式中, $\varepsilon_I^-(t)$ 的低频分量 $\varepsilon_I(t)$ 与高频分量 $\varepsilon_H(t)$ 相互独立. 故有建模误差的标准差:

$$\sigma(\varepsilon_I^-(t)) = \sigma(\varepsilon_I(t)) + \varepsilon_H(t) \geq \sigma(\varepsilon_H(t)). \tag{16}$$

因此, 当预报日的负荷与建模时域中的负荷变化一致时, 可以由 $\sigma(\varepsilon_H(t))$ 来估计预报误差均方根值的下限 γ_{low}.

外推误差 $\varepsilon_E^+(t)$ 由静态外推误差 $\varepsilon_{ES}^+(t)$ 和动态外推误差 $\overrightarrow{\varepsilon_{ED}}(t)$ 构成. $\varepsilon_{ES}^+(t)$ 是由模型外推产生的误差; $\overrightarrow{\varepsilon_{ED}}(t)$ 是未来日负荷动态的变化. 式(13)只有 $R_m(t)$ 项会产生 $\varepsilon_{ES}^+(t)$, 它取决于外推的步数 l 和误差项 a_i 的标准差 σ_a, 其方差估计值为

$$E(e_p^2(l)) = (1 + \varphi_1^2 + \cdots + \varphi_{l-1}^2)\sigma_a^2. \tag{17}$$

式中, E 表示期望; $e_p(l)$ 是第 l 步的静态外推误差; 系数 $\varphi_i(i = 0, 1, \cdots, l-1)$ 可以由 θ_1, θ_2 计算得出.

当 $l = 2$ 时, 有 $E(e_p^2(2)) = (1 + \varphi_1^2)\sigma_a^2$, 即预报 1 天负荷静态外推误差的方差的估计值.

若不计未来日负荷的异常变化(即不计动态外推误差 $\overrightarrow{\varepsilon_{ED}}(t)$), 并将预报误差近似视为正态分布的随机变量, 取 95% 置信限时, 预报误差均方根的上限 γ_{up} 可由下式估计.

$$\gamma_{\text{up}} = 2\sqrt{E(e_p^2(2)) + \sigma^2(\varepsilon_H(t))}. \tag{18}$$

综合运用 γ_{low} 和 γ_{up} 这两种指标可以评价在指定预报方法时负荷的规律性.

5

第 5 章
科技论文写作

5.1　基础知识：科技论文概述

科技论文是科学技术人员或其他研究人员在科学实验(或试验)的基础上，对自然科学、工程技术科学，以及人文艺术研究领域的现象(或问题)进行科学分析、综合地研究和阐述，总结和创新出一些结果和结论，并按照各个科技期刊的要求进行电子和书面的表达.

科技论文一般泛指 SCI、EI、ISTP 等检索的论文. 按照研究方法不同，科技论文可分理论型、实验型、描述型 3 类.

(1)理论型论文运用的研究方法是理论证明、理论分析、数学推理，用这些研究方法获得科研成果；

(2)实验型论文运用实验方法，进行实验研究获得科研成果；

(3)描述型论文运用描述、比较、说明的方法，对新发现的事物或现象进行研究而获得科研成果.

5.1.1　科技论文的特点

1. 学术性

学术性是科技论文的主要特征，它以学术成果为表述对象，以学术见解为论文核心，在科学实验(或试验)的前提下阐述学术成果和学术见解，揭示事物发展、变化的客观规律，探索科技领域中的客观真理，推动科学技术的发展. 学术性的强弱是衡量科技论文价值的标准.

2. 创新性

科技论文必须是作者本人研究的，并在科学理论、方法或实践上获得的新的进展或突破，应体现与前人不同的新思维、新方法、新成果.

3. 科学性

论文的内容必须客观、真实，定性和定量准确，不允许丝毫虚假，要经得起他人的重复和实践检验；论文的表达形式也要具有科学性，论述应条理清晰，不能模棱两可，语言应准确、规范.

5.1.2　科技论文的结构

科技论文一般包含题目、作者、摘要、关键词、前言、材料与方法、结果、讨论、结论和参考文献等部分.

(1)题目：简明、准确地写出该课题研究的基本内容.

(2)作者：包括姓名、职称(或职务)等.

(3)摘要：概括说明该研究的目的及重要性，并极其扼要地表述是以何种实验材料与方法，得出的何种研究结论等，突出论文的新见解和研究结果的意义.

(4)关键词：这是表达文献主题概念的词汇，它可以从标题和摘要中提取(一般提取 3 ~ 4 个关键词). 关键词可供检索性期刊(或数据库)编入关键词索引，供国内外科技人员查阅.

(5)前言：简要表述本研究课题的背景、前人的研究结果和未能解决的问题，以及本研究的主要实验(试验)内容和研究目的.

(6)材料与方法：详细写出本研究所用的实验仪器、实验条件、采用的实验方法以及其理论依据、具体的实验操作步骤.

(7)结果：客观描述和科学分析实验过程中发生的现象；写明应用的公式、反应方程式；用表格、坐标图或曲线图准确列出实验中得出的数据；表述实验得出的最终结果.

(8)讨论：将实验研究中的感性认识提升到理性认识高度.其重点内容是对实验数据和现象进行科学分析，并对数据误差和影响实验结果的因素进行解释，探讨对实验材料及方法的改进.在撰写讨论时，表述要全面、辩证、客观，切忌武断.

(9)结论：对本研究结果的价值、作用、意义做出判断，说明本研究发现了哪些新的规律、发展了哪些学术理论、能解决什么现实问题.

(10)参考文献：列出与本研究课题直接相关的前人发表的文献(包括参考前人的成果、方法、材料等).参考文献的一般格式为作者、论文标题、期刊名、年份、卷、期、页，或图书主编、书名、出版社、出版年份、页等.

5.1.3　科技论文的写作方法

科技论文的写作方法需要突出以下 3 点：

(1)论文内容要具有创新性，论文中要有新的理论、新的思想或新工艺、新方法.科技论文的论点是作者首先提出、发现的，或者有新的认识的.

(2)写作科技论文时要精选材料，论文结构完整、逻辑严密、层次清晰、数据准确、描述客观，论据要充分，论证要严谨，合乎逻辑.

(3)论文力求简短，要用最少文字、最短篇幅，精确地表达科研成果.同时，文字要简练、流畅，力避空泛的描述，要使用学术或专业用语来规范.

1. 主题的写法

科技论文只能有一个主题(不能是多个工作拼凑在一起)，这个主题要具体到问题的底层(即此问题基本无法向更低的层次细分为子问题)，而不是问题所属的领域，更不是问题所在的学科，换言之，研究的主题切忌过大.通常，科技论文应针对某学科领域中的一个具体问题展开深入的研究，并得出有价值的研究结论.

科技论文是学术作品，因此其表述要严谨简明，重点突出，专业常识应简写或不写，做到层次分明、数据可靠、文字凝练、说明透彻、推理严谨、立论正确，避免使用文学性质或带感情色彩的非学术性语言.论文中如出现一个非通用性的新名词、新术语或新概念，须随即解释清楚.

2. 题目的写法

科技论文题目应简明扼要地反映论文工作的主要内容，切忌笼统.由于读者要通过论文题目中的关键词来检索论文，所以用语精确非常重要.论文题目应该是对研究对象精确具体的描述，这种描述一般要在一定程度上体现研究结论.因此，论文题目不仅应告诉读者这篇论文研究了什么问题，更要告诉读者这个研究得出的结论.

3. 摘要的写法

科技论文的摘要，是对论文研究内容的高度概括，其他人会根据摘要检索一篇论文.因此摘要应包括对问题及研究目的的描述、对使用的方法和研究过程进行的简要介绍和对研究结论的简要概括等内容.摘要应具有独立性、自明性.

通过阅读科技论文摘要，读者应该能够对论文的研究方法及结论有一个整体性的了解，因此摘要的写法应力求精确简明. 论文摘要切忌写成全文的提纲, 尤其要避免"第 1 章……, 第 2 章……, ……"或类似的陈述方式.

4. 关键词的写法

关键词属于主题词的一类. 主题词除关键词外, 还包含单元词、标题词和叙词等.

关键词是用来描述论文主题的情报检索语言词汇, 读者通过关键词, 就可以采用情报检索方法快速找到论文. 关键词一般以所属领域、核心问题、重要方法等简短名词为主. 可以从论文中提取合适的关键词, 例如论文标题中的研究对象、研究方法等, 也可以对论文进行主题分析, 在厘清论文主题概念和中心内容的基础上提取对应的关键词.

5. 前言的写法

一篇科技论文的前言, 大致包含如下几个部分.

(1)问题的提出：简述所研究的问题"是什么".

(2)选题背景及意义：讲清为什么选择这个主题来研究.

(3)文献综述：对本研究主题范围内的文献进行详尽的综合述评.

(4)研究方法：讲清论文所使用的科学研究方法.

(5)论文结构安排：介绍本论文的写作结构安排.

6. 结论的写法

结论是对科技论文的主要研究结果及论点的提炼与概括, 应准确、简明、完整、有条理, 使读者看后就能全面了解论文的意义、目的和工作内容. 同时, 要严格区分自己取得的成果与前人的科研工作成果.

7. 科技论文写作的注意事项

(1)摘要中应排除本学科领域已成为常识的内容；切忌把应在引言中出现的内容写入摘要；一般也不要对论文内容作诠释和评论(尤其是自我评价).

(2)摘要中不得简单重复题目中已有的信息. 比如一篇文章的题目是"几种中国兰种子试管培养根状茎发生的研究", 摘要的开头就不要再写"为了……, 对几种中国兰种子试管培养根状茎的发生进行了研究".

(3)结构严谨, 表达简明, 语义确切. 摘要先写什么, 后写什么, 要按逻辑顺序来安排. 句子之间要上下连贯, 互相呼应. 摘要慎用长句, 句型应力求简单. 每句话要表意明白, 无空泛、笼统、含混之词, 但摘要毕竟是一篇完整的短文, 电报式的写法亦不可取. 摘要不分段.

(4)用第三人称. 建议采用"对……进行了研究""报告了……现状""进行了……调查"等记述方法表明文献的性质和文献主题, 不必使用"本文""作者"等作为主语.

(5)要使用规范化的名词术语, 不用非公知公用的符号和术语. 新术语或尚无合适中文术语的, 可用原文或译出后加括号注明原文.

(6)除实在无法变通外, 一般不用数学公式和化学结构式, 摘要不出现插图、表格.

(7)不用引文, 除非该文献证实或否定了他人已出版的著作.

(8)论文中的缩略语、略称、代号, 除了相邻专业的读者也能清楚理解的以外, 在首次出现时必须加以说明. 科技论文写作时还应注意的其他事项包括：采用法定计量单位、正确使用语言文字和标点符号等.

5.2　基本技能一：中文科技论文写作方法

5.2.1　题目

题目是读者看到的第一个论文信息，其效果直接影响到读者对论文的进一步阅读.

一个题目通常包括所用的方法、研究的问题等关键信息，例如以下论文题目，能让读者直接了解到论文所要研究的问题中的关键信息.

基于迭代学习的线性不确定重复系统间歇性故障估计

基于凸近似的避障原理及无人驾驶车辆路径规划模型预测算法

基于模糊形状上下文与局部向量相似性约束的配准算法

基于 FlowS-Unet 的遥感图像建筑物变化检测

基于在线感知 Pareto 前沿划分目标空间的多目标进化优化

一种基于词义向量模型的词语语义相似度算法

基于深度学习的高噪声图像去噪算法

基于粗糙集与差分免疫模糊聚类算法的图像分割

一种基于高斯混合模型的轨迹预测算法

基于 Pareto 熵的多目标粒子群优化算法

也可以直接以研究问题或方法作为题目，例如以下论文题目.

静态软件缺陷预测方法研究

云数据管理索引技术研究

IP 定位技术的研究

多尺度数据挖掘方法

迁移近邻传播聚类算法

密度敏感鲁棒模糊核主成分分析算法

大数据智能决策

智能时代的汽车控制

快速协方差交叉融合算法及应用

线性离散系统的有限频域集员故障检测观测器设计

深度神经模糊系统算法及其回归应用

当所使用的研究方法现有文献已使用过，或不确定是否使用过时，也可以在内容和方法前面增加量词，例如以下论文题目.

一种鲁棒的离线笔迹鉴别方法

一种基于 QPSO 优化的流形学习的视频人脸识别算法

一种基于词义向量模型的词语语义相似度算法

一种求解符号回归问题的粒子群优化算法

一种高分辨率遥感影像道路提取方法

一种基于区域局部搜索的 NSGA Ⅱ 算法

一种软件自适应 UML 建模及其形式化验证方法

一种基于多 Agent 系统的云服务自组织管理方法

一种基于高斯混合模型的轨迹预测算法

一种云存储环境下的安全网盘系统

一种融合项目特征和移动用户信任关系的推荐算法

一种支持细粒度并行的 SDN 虚拟化编程框架

5.2.2　摘要

摘要一般用简洁的语言表述论文研究的问题、采用的方法、得到的结果与结论等内容，让读者对文章有一个初步完整的印象. 摘要要特别突出从事这一研究的目的和重要性、研究的主要内容、完成了哪些工作、获得的基本结论和研究成果并突出论文的创新点.

下面是几个优秀摘要的写作案例.

产生式对抗网络(generative adversarial networks，GANs)可以生成逼真的图像，因此最近被广泛研究. 值得注意的是，概率图生成对抗网络(graphical-GAN)将贝叶斯网络引入产生式对抗网络框架，以无监督的方式学习到数据的隐藏结构. 提出了条件概率图生成对抗网络(conditional graphical-GAN)，它可以在弱监督环境下，利用粗粒度监督信息来学习到更精细且复杂的结构. 条件概率图生成对抗网络的推理和学习遵循与 graphical-GAN 类似的方法. 提出了条件概率图生成对抗网络的两个实例. 条件高斯混合模型(conditional Gaussian mixture GAN，cGMGAN)可以在给出粗粒度标签的情况下从混合数据中学习细粒度聚类. 条件状态空间模型(conditional statespace GAN，cSSGAN)可以在给定对象标签的情况下学习具有多个对象视频的动态过程.

(摘自《软件学报》2020 年第 4 期李崇轩等的论文《条件概率图产生式对抗网络》.)

心肌缺血早期检测是心血管疾病领域重要且困难的问题. 本文采用心电动力学图(Cardiodynamicsgram，CDG)开展心电图正常及大致正常时的心肌缺血早期检测研究. (1)在分析已有基于心电图的心肌缺血检测方法所取得的进展及不足的基础上，构建一个既有心电图发生缺血性改变，又有心电图正常及大致正常，且包括经冠脉造影检验为冠脉阻塞性病变和非阻塞性病变的较大规模心肌缺血数据集. (2)针对上述数据，集中 393 例心电图正常及大致正常患者，利用确定学习生成每份心电图的心电动力学图，提取对心肌缺血和非缺血具有显著区分能力的心电动力学特征，并以冠脉狭窄 50% 为缺血标准，采用机器学习算法构建心肌缺血检测模型. (3)针对上述试验中的假阳性病例，利用由确定学习生成的具有明确物理意义的心电动力学图进行逐例分析，发现其中许多假阳性病例存在慢血流现象(即冠脉非阻塞性病变). 对这些慢血流病例重新进行缺血标注，以改善心肌缺血数据集标注精度. 通过上述 3 个步骤构建了更为准确的心肌缺血检测模型，其缺血检测结果：灵敏度 90.1%、特异度 85.2%、准确率 89.0% 和受试者工作特征曲线(Receiver operating characteristiccurve，ROC)下面积(Area under curve，AUC)0.93. 综上，本文所构建的较大规模心肌缺血数据集可为心肌缺血检测研究和临床研究提供重要的数据基础；且构建的心肌缺血检测模型对心电图正常及大致正常患者具有较强的缺血检测能力；特别是，由确定学习生成的心电动力学图具有较好的可解释性, 有助于发现缺血数据标注的偏差和模型的错误, 提高心肌缺血的检测准确率.

（摘自《自动化学报》2020 年第 9 期孙庆华等的论文《基于确定学习及心电动力学图的心肌缺血早期检测研究》.）

深层脑结构的形态变化和神经退行性疾病相关, 对脑 MR 图像中的深层脑结构分割有助于分析各结构的形态变化. 多图谱融合方法利用图谱图像中的先验信息, 为脑结构分割提供了一种有效的方法. 大部分现有多图谱融合方法仅以灰度值作为特征, 然而深层脑结构灰度分布之间重叠的部分较多, 且边缘不明显. 为克服上述问题, 本文提出一种基于线性化核多图谱融合的脑 MR 图像分割方法. 首先, 结合纹理与灰度双重特征, 形成增强特征, 用于更好地表达脑结构信息. 其次, 引入核方法, 通过高维映射捕获原始空间中特征的非线性结构, 增强数据间的判别性和线性相似性. 最后, 利用 Nystrom 方法, 对高维核矩阵进行估计, 通过特征值分解计算虚样本, 并在核标签融合过程中利用虚样本替代高维样本, 大大降低了核标签融合的计算复杂度. 在 3 个公开数据集上的实验结果表明, 本文方法在较少的时间消耗内, 提高了分割精度.

（摘自《自动化学报》2020 年第 12 期刘悦等的论文《基于线性化核标签融合的脑 MR 图像分割方法》.）

5.2.3　前言

前言是论文描述研究的前期学习与研究过程的内容, 主要体现作者对问题背景的了解程度、对当前国内外学者在该问题中的研究状况的了解和作者的研究计划等.

如何在无监督或者弱监督环境中学习到可解释的抽象特征是机器学习乃至人工智能领域非常重要的课题. 产生式对抗网络 (generative adversarial networks, GANs)[1] 可以无监督地建模图像数据的分布[2,3], 因此最近被广泛加以研究. 进一步地, 一些工作[4,5]希望引入额外的正则化项和先验知识, 提高 GAN 模型学习到的特征的可解释性, 并控制生成图像的语义. 传统的深度神经网络的层次化特征提取过程是完全 "黑盒" 的, 这是由于这种网络完全忽略了特征之间的结构化先验知识, 特征的不同维度之间相对于模型来说是等价的. 为了解决这一问题, 往往需要引入监督信号或者结构化归纳偏见 (inductive bias), 其中一种可行的方法便是利用图 (graph) 的拓扑结构来刻画特征之间的依赖关系, 进而学习到可解释特征. 基于这种思想, 概率图生成对抗网络 (graphical-GAN)[5] 将贝叶斯网络 (Bayesian network) 和产生式对抗网络相结合, 可以灵活地表达随机变量之间的依赖结构, 同时拟合变量之间的复杂函数. 概率图生成对抗网络提出了结构化的变分推理网络和基于期望传播算法[6]的局部对抗学习方法, 可以用无监督的方式学习到数据的隐藏结构. 但是, 概率图生成对抗网络没有形式化地考虑如何利用粗粒度的额外监督信号, 因此无法直接应用在更加复杂的数据上.

为了解决这个问题, 本文考虑存在粗粒度监督信号的弱监督学习环境, 提出一种新型的条件概率图生成对抗网络 (conditional graphical-GAN), 可以在任何贝叶斯网络中利用粗粒度信号信息来学习到更精细而复杂的结构. 为了解决隐藏变量的推理问题和模型参数的学习问题, 我们提出了基于粗粒度监督信号信息的条件结构化推理网络和期望传播启发的局部对抗学习方法. 其主要思想和概率图生成对抗网络 (graphical-GAN) 的推理和学习方法相一致, 但是能够利用额外监督信号, 因此结果优于概率图生成对抗网络.

（摘自《软件学报》2020 年第 4 期李崇轩等的论文《条件概率图产生式对抗网络》.）

在实际应用中，数字图像在传输过程中往往会受到成像设备与外部噪声环境干扰等因素的影响，导致采集的图像质量明显下降．鉴于计算机视觉等许多科学领域对图像质量提出更高的要求，图像去噪仍然是图像处理领域的热点研究课题之一．

在过去的几十年里，随着对图像噪声的深入研究，许多学者不断地提出新的图像去噪算法．三维块匹配（Block-matching and 3D filtering，BM3D）算法[1]能够充分挖掘自然图像中存在的自相似特性，通过对相似块进行域变换进而达到图像去噪的效果．非局部算法[2]从图像整体的角度出发，同时利用了局部平滑与全局自相似等特性，取得了很好的去噪效果．随着深度学习逐渐成为机器学习领域的研究热点，深度卷积神经网络[3-5]在图像特征提取与识别[6-8]等领域的成功应用为解决图像去噪问题提供了新的思路，尤其是高噪声环境下的图像去噪问题．与传统的图像去噪方法相比，深度卷积神经网络具有更强大的学习能力，通过使用大量含噪图像样本数据进行训练，能够有效地提高网络模型对不同标准噪声的适应能力，并使其具有更强的泛化能力．

在文献[9]中，Jain等提出一种全新的卷积神经网络结构，并将其应用于图像去噪，实验结果表明该网络模型能够取得与马尔科夫随机场（Markovrandom field，MRF）模型相当甚至更好的去噪效果．Burger等[10]提出的算法将多层感知机（Multi-layer perceptron，MLP）成功地应用于图像去噪．文献[11]提出一个可训练的非线性反应扩散TNRD（Trainable nonlinear reaction diffusion）模型，该模型通过展开固定数量的梯度下降前馈深度网络，提高了图像的去噪性能．文献[12]中，Xie等将堆叠稀疏去噪自编码器方法应用于解决高斯噪声的移除并且实现了与K-SVD（Singular value decompo-sition）[13]相当的去噪效果．文献[14]中，Zhang等提出一种基于深度学习的去噪算法DnCNN（Feed-forward denoising convolutional neural networks）．该算法采用训练单一的去噪模型实现图像去噪的任务，同时对未知噪声水平的图像也有比较好的去噪效果．实验结果表明，该算法的去噪性能和效率均优于BM3D．

上述这些经典的图像去噪算法虽然在训练目标设计、训练特征选择及训练集规模上各不相同，并且在低噪声环境下都能取得很好的去噪效果．但是，这些算法在高噪声环境下的去噪效果却不太理想．为了进一步改善高噪声环境下的图像去噪质量，本文提出一种对称式扩充卷积残差网络图像去噪算法．该算法首先通过对称式结构的卷积网络对输入噪声图像进行特征提取与学习，然后对提取的图像特征进行重构，最后通过整合残差学习和批量标准化实现图像与噪声的有效分离，并输出与输入图像尺寸相同的残差图像．为了解决卷积操作导致的网络内部协变量转移问题，本文使用批量标准化进行校正，有效地提高了网络训练的效率．另外，本文算法对非卷积后的图像进行零填充操作，保证在图像大小不变的情况下，降低图像的边界伪影．实验结果表明，本文提出的算法在去噪性能和效率上都表现得非常好．

（摘自《自动化学报》2020年第12期盖杉等的论文《基于深度学习的高噪声图像去噪算法》．）

5.2.4　理论原理和建模过程

在理论原理和建模过程中，作者需要将研究方法通过简洁的文字、数学等加以表达，在表达过程中，对于第一次出现的数学符号，应有文字说明其所表达的意思．公式来源清楚、推导严谨、思路清晰．

下面是理论原理和建模过程的一个优秀的写作案例．

1.1　标准的 PES 算法

标准的 PES 算法是针对函数优化提出的议政群智能算法，在文献[17]中，它主要由以下几个公式完成对全局最优解的探索.

$$[F',\ I] = sort(F) \tag{1}$$

$$X' = X[I] = [X_4,\ X_3,\ X_2,\ X_1] \tag{2}$$

$$\sum_{i=1}^{4} length\ (X_i) = length\ (X) \tag{3}$$

$$length(X_i) < length(X_{i+1}),\ i = 1,\ 2,\ 3 \tag{4}$$

$$x_i^{k+1} = x_i^k + R_i^k \times \sigma \tag{5}$$

$$R_i^k = R_{i+1}^k,\ i = 1,\ 2,\ 3 \tag{6}$$

$$R_i^{k+1} = R_i^0 \times \alpha^k \tag{7}$$

$$x = x_i^{k+1} + \lambda(x_i^{k+1} - x_i^k) \tag{8}$$

公式(1)是依据种群 X 的适应度值 F 的大小进行培训，得到排序后的适应度值 F' 以及索引 I，把排序后的群体 X' 按公式(2)与公式(3)将种群划分为 4 个部分，每一部分的个体数目满足公式(4)，即由优秀个体组成的群体 X_1 的数目最少，由最劣个体组成的群体 X_4 的数目最多，标准的 PES 算法将群体 X_1 称为开采层，X_2 与 X_3 称为传递层，X_4 称为探索层. 每一层的个体 x_i^k 在各自的层内由公式(5)按照不同的搜索邻域 R_i^k 完成群体的更新，每一层的邻域大小满足公式(6)，即开采层在较小的邻域内按[-1, 1]之间的随机数 σ 产生一个搜索步长，重点是完成种群的开采工作；而探索层则在大的邻域内去挖掘潜在的优秀个体. 随着迭代次数 k 的进行，每一代的种群逐渐靠向全局最优解，因此每一层的搜索半径 R_i^{k+1} 也自适应地按公式(7)以收缩因子 $0 < \alpha < 1$ 进行更新，从而提高寻优效率. 在每一层产生新的个体之后，PES 算法将层与层之间进行了写作，即将探索层的优秀个体以及传递层的优秀个体分别向开采层与探索层传递，被传递的这些个体在接收层内被培养，并将这些个体按公式(8)以加速步长 λ 沿着新个体的产生方向进行了加速操作，得到加速后的个体 x.

（摘自《软件学报》2020 年第 11 期王占占等的论文《基于择优协作策略的 PES 算法在整数规划问题上的应用》.）

5.2.5　实验结果与分析

实验结果与分析需要写明实验数据来源，指明搭建的实验环境，明确参数选择，并用图、表和文字等形式综合表达实验结果.

下面是实验结果与分析的一个优秀的写作案例.

本文实验中深度卷积神经网络模型的整个训练过程中需要较多的数据集，涉及矩阵运算和图像处理单元，因此我们在 Inter Core i7-8700 CPU 3.30GHz 和 GPU 上完成卷积神经网络的图像去噪模型训练和测试任务，使用的 GPU 为 Nvidia Titan X GPU，同时使用 TensorFlow(1.9.0，Python3.6.0)深度学习框架进行实验. 为了验证本文算法的有效性，我们将本文提出的去噪算法与 BM3D[1]、WNNM[22]、MLP[10]、TNRD[11]、EPLL[23]、CSF[24] 以及 DnCNN[14] 的去噪效果进行比较. 本文主要采用峰值信噪比(Peak signal to noise ratio, PSNR)与结构相似度(Structural similarity，SSIM)两个指标衡量模型的去噪效果.

采用不同的去噪算法对 BSD68 数据集样本进行去噪的结果如表 1 所示. 从表 1 可以看出, 当 $\sigma = 15$ 时, WNNM[22], ML[10], TNRD[11] 的峰值信噪比 (PSNR) 比 BM3D[1] 提高约 0.3dB, 比 DnCNN[14] 提高约 0.9dB. 本文算法的峰值信噪比在 DnCNN[14] 的基础上又提高了约 0.2dB, 比 WNNM[22], TNRD[11] 提高约 0.5dB, 比 BM3D[1] 提高约 0.9dB. 当对 $\sigma = 25$, $\sigma = 40$, $\sigma = 50$, $\sigma = 60$ 的高斯噪声图像进行去噪时, 由表 1 的对比实验数据可知, 本文算法的去噪性能同样表现得非常可观, 尤其在 $\sigma = 60$ 的高噪声环境下去噪效果要明显优于其他经典的去噪算法. 另外, 我们训练的随机噪声模型在特定标准差的噪声环境下去噪效果仍然表现得可观, 在上述 5 种特定的噪声水平下, 本文算法取得了较高的峰值信噪比, 尤其在 $\sigma = 60$ 时, 其峰值信噪比 (PSNR) 较 BM3D[1] 算法的峰值信噪比提高约 2dB, 与特定噪声模型的去噪效果相当.

表 1　不同去噪算法在 BSD68 数据集下的峰值信噪比 (PSNR) (dB)

Table 1　The PSNR value using different denoising algorithms at the BSD68 data set (dB)

σ	BM3D	WNNM	MLP	TNRD	DnCNN	EPLL	CSF	特定噪声模型	随机噪声模型
15	31.07	31.37	—	31.42	31.73	31.21	31.24	31.94	31.85
25	28.57	28.83	28.96	28.92	29.23	28.68	28.74	29.46	29.38
40	26.22	26.33	—	26.49	26.88	26.26	26.30	27.11	27.06
50	25.62	25.87	26.03	25.97	26.23	25.67	—	26.48	26.47
60	23.18	—	23.55	23.43	23.73	23.24	23.27	24.01	24.06

(摘自《自动化学报》2020 年第 12 期盖杉等的论文《基于深度学习的高噪声图像去噪算法》.)

5.3　基本技能二: 数学建模竞赛论文写作方法

数学建模竞赛论文是介于期刊论文和硕、博士毕业学位论文之间的一种科技论文, 它通常以某一个问题为主题, 通过问题提出、问题求解分析、模型建立与求解和结果分析等过程, 将问题抽象到数学模型、设计算法、采用计算机辅助计算、结果分析、模型稳定性分析等过程较好地展现在一篇 15~30 页的含文字、图、表的论文中.

数学建模竞赛论文的结构一般包括以下几个部分.

(1) 摘要: 一般独占一页.

(2) 问题的提出: 从问题来源和学者研究现状等方面提出问题.

(3) 问题分析: 从宏观角度阐述问题的解决方法.

(4) 模型的假设: 将建模过程中的主要条件列在读者面前.

(5) 符号说明: 集中描述论文中所用的数学符号.

(6) 模型的建立与求解: 论文的主体部分, 需要较为详细地介绍建模和求解过程.

(7) 结果分析: 包含误差分析、参数扰动分析和模型稳定性分析等.

(8) 模型的评价与改进: 明确提出模型的创新点, 并对作者当前还未完成的内容进行展望.

(9) 参考文献: 按照国家标准 GB/T 7714—2005《文后参考文献著录规则》进行编写.

(10) 附录: 支撑论文的重要材料 (程序、数据和图片等).

5.3.1　摘要

数学建模竞赛论文的摘要是一篇较为详细的全文缩略文，且独占一页. 在一些复杂的研究成果中，例如中国研究生数学建模竞赛论文等，摘要也可以放宽到 2 页以内. 摘要通常采用总分结构或总分总结构. 摘要首先提出论文所研究的问题，针对该问题采用哪些理论，建立了什么类型的数学模型，设计了什么算法，采用什么软件或工具对问题进行求解，求解结果具有什么现象或结论等；后续分段对问题中的每一个小问题适当介绍解决过程，并将具有标志性的结果展现在方法之后；最后对全文进行总结，特别阐明作者在解决过程中的创新点和优点，也可对缺点和未来改进方向进行适当展望.

例如，2021 年全国大学生数学建模竞赛全国一等奖获得者谈妍、林荣光、喻腾榕的竞赛论文摘要如下.

生产制造企业原材料采购数量大、金额高，对此制订合理的订购与运输方案，可以最大化压缩原材料采购成本，有利于企业的生产发展. 本文主要根据供应商和转运商的数据研究企业原材料订购与运输方案最优化的问题，在对 402 家供应商供货特征量化分析的基础上，确定出 50 家最重要的供应商，通过建立多种订购与转运方案最优化模型，给出了订购与转运的最优方案.

对于问题一，从供货量和订货量两个角度对 402 家供应商进行统计描述，筛选出反映供应强度、波动程度、企业信赖程度和供应变化情况 4 个方面的 8 个量化供货特征的指标，构建供货特征评价指标体系，建立反映企业生产重要性的评价模型，采用基于熵权法的 TOPSIS 模型得到 402 家供应商的得分，排名前 50 的供应商作为该企业最重要的供应商，详细结果见表 2.

对于问题二，求解供应商数量、订购方案和转运方案时，分别建立供应商数量、未来 24 周最优原材料订购方案和转运损耗方案优化模型. 首先，基于对该企业每周产能、50 家供应商组成和供应商供货能力上限等因素的考虑，构造供应商选择 0-1 规划模型，求得满足生产需求时最少供应商个数为 30 家. 接着，在此基础上，建立最小花费订购方案优化模型，给出了最优的原材料订购方案，结合均势原则补全损耗率后，构建最少损耗量 0-1 规划模型. 最后，利用 LINGO 多级递进逐级计算出对应方案，并对实施效果进行客观研究分析，评判了模型的合理性和准确性.

对于问题三，由采购 A/C 材料数量比达到最大，企业采购原材料花费成本最小，得到双目标规划模型. 之后采用综合权重的方式，将双目标规划模型转化为单一目标规划模型，即生产成本最优化模型，求解出新的订购方案，在该方案基础上构建转运商选择 0-1 规划模型使得损耗量最少，结合 LINGO 逐步分级解出最优转运方案，最后结合模型求解的实施效果对 A 类与 C 类材料数量比值和损失率两方面进行分析评价.

对于问题四，通过周供应增量比衡量该企业技术改革后产能的提高量，根据企业原材料的得损计算出 5 年后的库存量，求得企业每周的产能可以提高 0.053%. 在该基础上，建立 A 类材料与 C 类材料数量比值最大和花费成本最小的双目标规划模型，沿用问题三将双目标规划模型转化为单目标规划模型，求解出未来 24 周的订购方案，之后构建最少损耗率 0-1 规划模型给出了最优转运方案，满足题目的要求.

本文从指标、模型和均势原则三个方面对模型进行检验，验证了模型的准确性，同时针对问题本身建立多个优化模型用 LINGO 逐层精确求解，得到方案结果可靠性强，另外从多角度对方案实施效果进行分析，验证思路清晰，逻辑严谨，对实际生产企业采购活动具有一定指导意义.

　　关键词：供货特征；熵权法；TOPSIS 法；非线性规划；正态分布模拟

　　该摘要采用总分总的方式对所研究的问题"生产制造企业原材料订购与运输方案"进行了较为详细的说明．摘要首先说明了所研究的问题，建立了优化模型，得到了较为合理的解决方案；然后分别就每一问题进行阐述，并将问题中一些重要的数据结果展现出来；最后，对问题求解过程进行一个总结，突出了作者建模过程的优点．

　　又例如，2020 年全国大学生数学建模竞赛全国一等奖获得者万志、王亮、胡伟业的竞赛论文摘要如下．

　　本文研究了玩家穿越沙漠到终点清算资金保留最多的问题，从起点开始对玩家决策方案进行讨论，玩家进入沙漠区域后通过状态转移方程表示出玩家在每一区域的状态，建立动态优化模型求解每一状态下对应变量具体值，帮助玩家决策出回到终点最优方案．

　　针对问题一，首先将第一、二关地图转换为无向图，以起点、村庄、终点为关键点，根据关键点将问题分为三个阶段：起点到村庄、村庄到村庄、村庄到终点．基于 Dijkstra 算法求解出各个阶段间的最短路线，然后以每一阶段的最短路线、已知的天气状况、游戏规则为约束条件建立各个阶段剩余资金最多的目标优化模型．根据最短路线将无向图简化，依据简化图和模型对问题进行求解，得出第一关最优策略为第 24 天到达终点且剩余资金为 10 470 元，第二关为第 30 天到达终点且剩余资金为 12 730 元．

　　针对问题二，天气变为未知，使用问题一的模型求解将花费较长时间，故而本题以天数为阶段，每个阶段的剩余资金、剩余食物资源和水资源以及所在区域的状态用矩阵表示，玩家决策下一步抽象化的方案时可以依据矩阵转化为具象的状态转移方程，以游戏规则为约束条件，根据各方程建立基于动态优化的资金最优决策模型．最后通过蒙特卡洛模拟对天气进行随机生成，将生成的天气状况通过编程计算出剩余资金最多的路线，出现次数最多的路线即为最佳路线．代入模型求解后得到第三关最佳路线具体决策方案为：起点→终点(起点 1→5→6→终点 13)，在起点购买三天高温天气所需要的资源，即购买水 56 箱，食物 56 箱，此路线的存活概率为 100%，平均最后剩余资金 9 250 元．第四关最佳路线具体决策方案为：起点→矿山→村庄→矿山→终点，按 10% 出现沙暴天气概率对此路径多次进行蒙特卡洛模拟，结果得到存活概率为 75.60%，平均最后剩余资金 25 888 元．

　　针对问题三，第五关需对两玩家互相之间知道对方决策、不知道对方决策两种情况分别考虑．前者为资金最优化问题，先通过问题二的模型求解出最优和次优路线，两玩家追求剩余资金总额最大化时，两名玩家需分开走最优和次优路线．后者为博弈问题，对其中一名玩家剩余资金总额大于另一名玩家的矩阵列出，再结合另一名玩家的不同性格做出对于自身最后剩余资金最大决策．第六关在每位玩家均不知对方玩家信息的情况时，若玩家都以自身利益最大化选择最优路线去矿山挖矿，将导致群体收益和个体收益都很少，故而玩家会预测其他玩家下一步的路线方案从而做出相对应的合作决策．通过多次博弈后当玩家收益达到平衡值时，100 000 次模拟后得到三名玩家最后的剩余资金平均值为 9 021 元、8 768 元、8 570 元．

　　关键词：Dijkstra 算法；动态规划模型；蒙特卡洛模拟；博弈论；决策模型

该摘要采用总分的方式对所研究的问题"基于动态优化的穿越沙漠决策问题"进行了较为详细的说明. 摘要首先说明了所研究的问题, 建立了动态优化模型, 得到了较为合理的解决方案; 然后分别就每一问进行阐述, 并将问题中一些重要的数据结果展现出来.

5.3.2 问题的提出

数学建模竞赛题目由全国组委会命题, 但参赛人员需要根据问题进行一定的文献阅读研究, 较为深入地了解问题的背景知识和当前学者的研究现状. 因此需要参赛者在问题背景研究中总结问题来源、研究的价值和意义等. 同时需要参赛者在文献系统中查阅相关研究文献, 了解国内外学者在该问题的相关研究成果等. 最后需要参赛者对所给出的题目进行提炼, 凸显论文后续需要研究的主要问题.

例如, 2016 年全国大学生数学建模竞赛全国一等奖获得者孙翔、康庄、樊佳郁的竞赛论文问题的提出部分如下.

> 近年来, 我国越来越多的城市道路交通压力问题逐步扩大, 针对如何改善交通压力的问题, 国外早已有些国家通过开放小区构建街区制来改善交通. 在国内, 李建华、李向鹏等人在住宅小区交通影响和封闭型小区交通开放等方面做出了研究, 国务院于 2016 年 2 月 6 日印发《关于进一步加强城市规划建设管理工作的若干意见》, 其中第十六条关于推广街区制、原则上不再建设封闭住宅小区、已建成的住宅小区和单位大院要逐步开放等意见, 引起了广泛的关注和讨论.
>
> 除了开放小区可能引发的安保等问题外, 议论的焦点之一是: 开放小区能否达到优化路网结构、提高道路通行能力、改善交通状况的目的, 以及改善效果如何. 一种观点认为封闭式小区破坏了城市路网结构, 堵塞了城市"毛细血管", 容易造成交通阻塞. 小区开放后, 路网密度提高, 道路面积增加, 通行能力自然会有提升. 也有人认为这与小区面积、位置、外部及内部道路状况等诸多因素有关, 不能一概而论. 还有人认为小区开放后, 虽然可通行道路增多了, 相应地, 小区周边主路上进出小区的交叉路口的车辆也会增多, 也可能会影响主路的通行速度.
>
> 我们可以通过分析与研究建立数学模型, 对小区开放对周边道路通行的影响进行研究, 从而为科学决策提供定量依据, 为了建立数学模型和全面分析小区开放对道路通行的影响, 我们可以从以下 4 个方面进行研究:
>
> 1. 选取合适的评价指标体系, 用以评价小区开放对周边道路通行的影响.
> 2. 建立关于车辆通行的数学模型, 用以研究小区开放对周边道路通行的影响.
> 3. 小区开放产生的效果, 可能会与小区结构及周边道路结构、车流量有关. 选取或构建不同类型的小区, 应用我们建立的模型, 定量比较各类型小区开放前后对道路通行的影响.
> 4. 根据以上的研究结果, 从交通通行的角度, 向城市规划和交通管理部门提出关于小区开放的合理化建议.

该论文首先提出了问题, 然后介绍产生该问题的原因, 最后列出了论文研究的 4 个问题.

又例如, 2019 年全国大学生数学建模竞赛全国一等奖获得者黎小梦、陈建民、罗啸的竞赛论文问题的提出部分如下.

1.1　问题背景

为了增加团队的协作能力，提高队友之间的凝聚力，许多团队组织者都会开展协作能力拓展项目，"同心鼓"就是这样的一个拓展项目．项目道具是一面牛皮双面鼓，鼓身周围固定多根绳，沿圆周均匀分布，绳子长度相等，团队成员每人牵拉一根绳子使鼓面保持水平．该项目的游戏规则是项目开始时，球从鼓面中心上方竖直落下，团队成员同心协力将球颠起，使其有节奏地在鼓面上运动．在颠球过程中，只能抓住绳子的末端，不能接触鼓或绳子其他位置．

1.2　已知条件

"同心协力"项目由排球和牛皮双面鼓两部分组成，其中排球的质量为 270g．牛皮双面鼓的直径为 0.4m，鼓身高度为 0.22m，鼓的质量为 3.6kg．参加项目的队员人数要求不少于 8 人，队员之间的距离不得小于 0.6m．在项目开始时，球从鼓面中心上方 0.4m 处竖直落下，球被颠起的最高点应离开鼓面 0.4m 以上，否则，项目停止．项目的目标是使得连续颠球的次数尽可能多．

1.3　需要解决的问题

问题一：假定理想条件下每一人都可以精确控制用力方向、时机和力度，讨论在理想状态下团队的最佳协作策略能够使得连续颠球的次数尽可能多，并给出在该策略下的颠球高度．

问题二：考虑在现实情况下，每一个队员的发力时机和力度不能做到精确控制，存在一定的误差，于是鼓面产生倾斜，需要建立一个模型来描述队员发力时机和力度与某一特定时刻的鼓面倾斜角度的关系，在这个情况下，参加项目的人数为 8，绳长为 1.7m，鼓面初始时刻是水平静止的，初始位置较绳子水平时下降 0.11m．给出了队员们不同发力时机和力度求解 0.1s 时的鼓面的倾斜角度．

问题三：在得到问题二中的模型后，判断问题一中得到的策略是否需要调整，如果需要调整则应给出调整方案．

问题四：鼓面发生倾斜的时候，球的跳动方向不再垂直，于是队员需要调整策略，已知的条件有人数为 10，绳长为 2m，球的反弹高度为 0.6m，相对于竖直方向产生了 1° 的倾斜角度，且倾斜方向在水平面的投影指向某两位队员之间，与这两位队员的夹角之比为 1:2．为了将球调整为竖直状态弹跳，需要计算出可精确控制条件下所有队员的发力时机及力度，并分析在现实情形中这种调整策略的实施效果．

该论文采用条目方式将问题背景、已知条件和需要解决的问题一一列出，让读者比较清晰地了解问题研究的内容．

5.3.3　问题分析

问题分析部分应该是从宏观角度分析问题的求解方法．对于有多个问题的情况，需要对每一问题进行分析阐述．

例如 2016 年全国大学生数学建模竞赛全国一等奖获得者万奇龙、黄珍里、王艳的竞赛论文的问题分析部分如下．

这是一个关于近浅海观网的传输节点中的系泊系统的设计问题．

对于问题一，要求计算在系泊系统各部件的属性已知而风速不同的情况下钢桶和各节钢管的倾斜角度、锚链形状、浮标的吃水深度和游动区域．首先考虑对系泊系统中的各部件进行受力分析, 建立力学平衡方程, 并可以计算出钢桶与各节钢管的倾斜角度. 然后, 通过建立平面直角坐标系, 写出关于锚链的微分方程[3], 可以得到锚链关于平面直角坐标系中两坐标轴变量的数学方程式, 同时可以确定锚链形状. 最后, 根据分别在 12m/s 和 24m/s 的风速下的钢管、各节钢桶的长度与倾斜角度以及锚链形状, 能够计算出浮标的吃水深度和游动区域.

对于问题二, 在问题一的基础上可以计算出 36m/s 的风速下的钢管和钢桶倾斜角度、锚链形状和浮标的吃水深度和游动区域, 然后根据问题一求解出的各量关系可以提取出重物球的质量方程式, 在满足钢桶角度不超过 5°, 锚链在锚点与海床的夹角不超过 16° 的条件下, 计算出重物球质量大小范围.

对于问题三, 要求考虑风力、水流力和水深情况下的系泊系统设计, 并分析不同情况下钢桶、钢管的倾斜角度、锚链形状、浮标形状的吃水深度和游动区域. 在问题一中布放水深以及海水速度、风速为常量, 而问题三中已知的是布放海域水深以及风速、海水流速的范围, 同样可以利用问题一中求得的各参数与钢桶倾角、锚链在锚点处与海床的夹角、浮标吃水深度和活动区域的关系, 根据题给要求建立多目标优化模型, 对问题进行求解, 并根据求解结果对不同环境下的钢桶倾角、锚点处与海床的夹角、浮标吃水深度和活动区域进行分析.

5.3.4　模型的假设与符号说明

模型的假设是指作者在研究过程中, 对于问题求解的一些前期条件进行假设, 以使得后续的建模过程严谨, 让读者明确本论文所关注的主要问题是什么. 符号说明是作者集中描述全文后续出现的主要数学符号, 使读者在阅读论文时, 对数学表达式具有更为具体的认识.

例如, 2018 年全国大学生数学建模竞赛全国一等奖获得者林峰、钟杜林、廖金红的竞赛论文模型的假设与符号说明部分如下.

模型的假设

1. 数据来源可靠, 且对于附件一中的任务价格具有针对任意会员的唯一性, 即某项任务的价格对于任意会员均一致.
2. 当天的任务完成情况是近期任务情况的平均水平, 即附件一的数据不是特殊情况, 它能体现近期任务完成的平均情况.
3. 假设局部价格的微小调整不会影响不同价格对应的任务完成率.
4. 假设所有会员会将自身利益最大化作为完成任务的前提.
5. 任务打包分配后, 一个任务包等同为一个任务额.
6. 忽略因地球自身曲率对两点间平面距离的计算造成的误差.

符号说明

符号	说明
Q	定价
q_1	基础定价
q_2	任务叠加折扣
q_3	会员平均密度溢价

续表

符号	说明
q_4	加权平均距离溢价
q_6	信誉值溢价
d	单个任务的定价基础
ρ	会员平均密度
$\bar{d}$	加权平均距离

5.3.5　模型的建立与求解

模型的建立部分需要从解决问题的原理出发提出求解方法，然后通过一条主线对每一个表达式的产生进行较为详细地说明，最后总结成为问题的求解模型．针对理论模型，需要从计算的角度分析是否可以直接采用软件进行求解。如果不能直接求解，作者需要详细阐述其求解算法的具体过程，包括算法步骤和流程图等．

例如，2018 年全国大学生数学建模竞赛全国一等奖获得者曾晶垚、范振、刘剑的竞赛论文模型的建立与求解部分如下．

1. 模型的准备

智能 RGV 的动态调度策略实际是一个基于排队论的优化问题，鉴于此，对排队论进行初步介绍．图 2 是智能加工系统的排队作业的一般模型，每台 CNC 由 8 台 CNC 出发，到达服务机构 RGV 等待换料作业，服务完后就离开．排队结构指 RGV 的个数和排列方式，排队规则和作业规则是说明 CNC 在排队系统中按怎样的规则、次序接受作业的．图中大矩形方格即为整个的排队系统[1]．

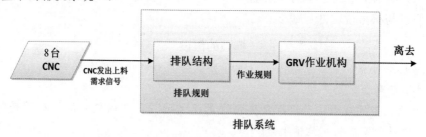

图 2　智能加工系统的排队作业流程图

由于 CNC 必须进行物料加工作业，当出现多个 CNC 同时等待 RGV 加工时，排队规则会有多种情况，例如：先到先服务(即按到达次序接受服务)、后到后服务、随机服务、就近服务等．对于智能 RGV 的动态调度策略，CNC 采用后到后服务和随机服务的服务规则将无法满足在规定时间内加工物料尽可能地多的要求，故采取先到先服务和就近服务相结合的服务规则进行物料加工．

2. 一道工序时物料加工最多模型的建立与求解

2.1　模型一的建立

（1）CNC 的运动分析

在整个智能加工系统中，对于任意一台一道工序的物料加工作业情况下，CNC 的工作过程如图 3 所示.

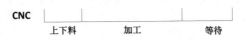

图 3　CNC 的工作过程

　　对于任意一台 CNC, 开始进行工作或再次物料加工时, 首先 RGV 为 CNC 进行上下料过程, 因为 CNC 编号的奇偶不同会影响上料时间, 偶数编号的 CNC 一次上下料所需时间要大于奇数编号, 设 RGV 为 CNC 进行上下料的时间为 J_j, 其中

$$j = \begin{cases} 1, & \text{CNC 为奇数编号}, \\ 2, & \text{CNC 为偶数编号}, \end{cases}$$

J_1 表示 RGV 为 CNC1#, 3#, 5#, 7#一次上下料所需时间, J_2 表示 RGV 为 CNC2#, 4#, 6#, 8#一次上下料所需时间.

　　完成上下料后, CNC 进行相应的物料加工过程, 设此时 CNC 加工完成一个一道工序的物料所需时间为 K. 完成加工任务后, CNC 处于空闲状态, 即向 RGV 发出上料需求信号. 由于被服务机器小于服务机器, 即便 CNC 发出信号, RGV 根据服务规则可能正为其他 CNC 进行作业, 并且接收到信号后, RGV 运动至该处需要一定的移动时间, 此时 CNC 处于等待状态, 将这一部分 CNC 空闲时间统称为等待时间, 引入符合 f_{im}, 代表第 i 台 CNC 在对第 m 个物料作业过程中的等待时间.

　　等待结束后, CNC 再次进行上下料过程, 周而往复, 三个部分构成了 CNC 的一个运动周期[2]. 则任意一台 CNC 完成一个周期所耗时间 T 为

$$T = J_j + K + f_{im},$$

其中 J_j 为上下料时间, K 为 CNC 的物料加工时间, f_{im} 为第 i 台 CNC 在对第 m 个物料作业过程中的等待时间.

　　在第 i 台 CNC 上加工第 n 个零件与在该台 CNC 上加工第 $n + 1$ 个零件之间的时间关系式为

$$T_{i(n+1)} = T_{in} + J_j + K + f_{im}.$$

（2）RGV 的运动分析

　　在整个智能加工系统中, 连续对同一台 CNC 的 RGV 作业过程如图 4 所示.

图 4　RGV 对某一台 CNC 连续作业图

　　对于接到信号指令行进至某一台 CNC 处的 RGV, 开始时, 与 CNC 的运动一致, RGV 为 CNC 进行上下料过程, RGV 为 CNC 进行上下料的时间为 J_j. 完成上下料的工作后, RGV 待在原地进行熟料的清洗工作, 设 RGV 完成一个物料的清洗作业所需时间为 L, 被服务的 CNC 同时进行物料加工过程, 二者同步进行且互不影响. 洗料过程结束后, 由于该台 CNC 正处于物料加工过程且时间远远大于 RGV 的洗料时间, 无法立刻为该台 CNC 再次进行上下料工作, 根据服务规则 RGV 将等待下一个发出信号指令的 CNC 处移动至并移动至该处.

RGV 移动至发出信号指令的 CNC 处，依次进行上下料、洗料以及等待信号这一个周期循环，直至原始的 CNC 加工完成，发出空闲信号. 则 RGV 完成一个周期循环所耗时间 T 为[2]

$$T = J_j + L + f + Q_{k\ (k+1)} ,$$

其中 J_j 为上下料所需的时间，L 为 RGV 对已加工熟料的清洗时间，f 为 RGV 接收下一个 CNC 信号指令的等待时间，$Q_{k\ (k+1)}$ 为 RGV 从第 k 移动至第 $k + 1$ 个 CNC 所需的时间.

直至 RGV 接收到新的 CNC 信号指令来自于最初的 CNC 所发出，且根据排队规则 RGV 选择该 CNC 作为下一个作业对象时，RGV 即完成了多部分过程. 随后 RGV 运动回到最初 CNC 所在位置处，此过程为 RGV 对某一台 CNC 连续作业周期过程.

对于该过程的周期

$$T_0 = \sum \left(Q_{k(k+1)} + L + J_j + f \right) ,$$

求和个数为 RGV 再次接收原始 CNC 的信号时，为其他 CNC 作业的个数，即循环的次数.

(3)CNC 与 RGV 的对比运动分析

前面的(1)(2)问中已经分别详细考虑了 CNC 与 RGV 的运动情况，现综合考虑 CNC 与 RGV 的对比运动分析.

由于 RGV 只有一台，CNC 只能由唯一的 RGV 完成物料作业，所以任意一台 CNC 的连续作业过程与 RGV 连续对该台 CNC 作业过程所耗时间相等.

对于任意一台正常工作的 CNC.

t = 完成一个周期所耗时间×该 CNC 在系统工作时间内加工完成物料的数量.

用数学符号表示：

$$t = X_i(K + J_j) + F_i ,$$

其中 X_i 代表第 i 台 CNC 在系统工作时间内加工完成物料的数量，K 为 CNC 的物料加工时间，J_j 为上下料所需的时间，F_i 为第 i 台 CNC 在作业过程中的等待总时间.

作业过程中的等待总时间

$$F_i = \sum_{m=1}^{X_i} f_{im} ,$$

其中 f_{im} 表示第 i 台 CNC 在对第 m 个物料作业过程中的等待时间，对应于图 6CNC 时间段上的等待部分.

根据任意一台 CNC 的连续作业过程与 RGV 连续对该台 CNC 作业过程所耗时间相等. 等待时间 f_{im} 又可表示为

$$f_{im} = \sum \left(Q_{k(k+1)} + L + J_j + f \right) - K - J_j ,$$

其中 $Q_{k(k+1)}$ 为 RGV 从第 k 移动至第 $k + 1$ 个 CNC 所需的时间，L 为 RGV 对已加工熟料的清洗时间，J_j 为上下料所需的时间，K 为 CNC 的物料加工时间，f 为 RGV 接收下一个 CNC 信号指令的等待时间.

所要求的目标为在规定时间 t 内，8 台 CNC 所加工的物料数 n 达到最大，即目标函数表示为

$$\max n = \sum_{i=1}^{8} X_i ,$$

其中 X_i 代表第 i 台 CNC 在系统工作时间内加工完成物料的数量.

由此建立规定时间内, 8 台 CNC 加工物料总数最多[3]的优化模型

$$\max n = \sum_{i=1}^{8} X_i ,$$

$$\text{s.t.}\ \ t = X_i(K + J_j) + F_i ,$$

$$F_i = \sum_{m=1}^{X_i} f_{im} ,$$

$$f_{im} = \sum \left(Q_{k(k+1)} + L + J_j + f \right) - K - J_j ,$$

$$T_{i(n+1)} = T_{in} + J_j + K + f_{im} .$$

2.2　模型一的求解算法

针对模型一, 采用动态调度的求解算法.

系统开始工作时, 输入 RGV 的初始位置、CNC 的初始状态信息, 以及整个系统中其他附属设备的属性数据. 以所给的智能加工系统作业参数的第一组数据为例, 各 CNC 及 RGV 的数据如表 1 所示.

表 1　开始前各 CNC 及 RGV 的数据　　　　　　　　　时间单位: s

CNC 编号	CNC 加工状态	CNC 加工结束时间	CNC 上下料时间	移动至该 CNC 所需时间
1	0	0	28	0
2	0	0	31	0
3	0	0	28	20
4	0	0	31	20
5	0	0	28	33
6	0	0	31	33
7	0	0	28	46
8	0	0	31	46

注: CNC 加工状态中 0 表示待加工, 1 表示正在加工.

由表 1 可以看出, 系统开始工作前, 所有的 CNC 所处加工状态为 0, 即都处于待加工状态. 因此, 对应的 CNC 加工结束时间均为 0s, 奇数编号 CNC 对应的上下料时间为 28s, 偶数编号对应的上下料时间为 31s. RGV 移动至该 CNC 所需时间也相应给出. 随后 RGV 根据就近原则对编号为 1、2 的 CNC 进行随机选择上下料作业, 被选的 CNC 加工状态随即变为 1, 加工结束时间为 560s, 由于 RGV 位置未发生改变, 后面两组数据不变. 以这样的动态调度求解模式, 若所有 CNC 的加工状态均处于 1 时, RGV 处于等待状态, 若存在 CNC 的加工状态为 0 时, RGV 选择移动时间、上下料时间之和作为下一个作业目标. 移动至目标 CNC 后, 时刻更新表中各项时间的数据及 CNC 的加工状态. 以此往复, 直至工作时间超过整个智能系统的连续作业时间, RGV 与 CNC 停止工作, 跳出循环. 上述过程的简易流程图如图 5 所示.

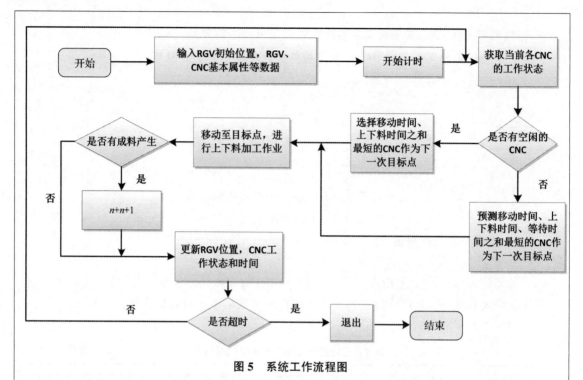

图5 系统工作流程图

由流程图可以构建相应动态模型[4].

当前的工作状态用符号 d_i 表示,对于 CNC 和 RGV 而言,对应的 d_i 可以分别表示为 d_{CNCi} 和 d_{RGVi}. 用符号表示为

$$d_i = \begin{cases} d_{CNCi} = T_{1i} + T_{2i} + T_{3i}, \\ d_{RGVi} = T'_{1i} + T_{2i} + T'_{3i} + T_{4i}, \end{cases}$$

其中 T_{1i} 表示为从第 k 个状态到第 $k+1$ 个状态下 CNC 的等待时间;T_{2i} 表示为从第 k 个状态到第 $k+1$ 个状态下 RGV 和 CNC 的上下料时间;T_{3i} 表示为从第 k 个状态到第 $k+1$ 个状态下 CNC 的物料加工时间;T'_{1i} 表示为从第 k 个状态到第 $k+1$ 个状态下 RGV 的等待时间;T'_{3i} 表示为从第 k 个状态到第 $k+1$ 个状态下 RGV 的移动时间;T_{4i} 表示为从第 k 个状态到第 $k+1$ 个状态下 RGV 的清洗时间.

对于任意第 k 个状态到第 $k+1$ 个状态下

$$S_{k+1} = S_k + d_i,$$

其中 S_k 表示第 k 个状态由于上下料需要 CNC 与 RGV 同时进行,时间短的需要等待对方,故 d_i 取二者中最大的状态时间,可改写为

$$S_{k+1} = S_k + \max d_i.$$

对于该系统,希望生产的物料数越多,则效益越高,可以理解为 RGV 与 CNC 的等待时间越短越好,即目标函数可表示为

$$S_{k+1} = S_k + \min(\max d_i).$$

5.3.6 结果分析

结果分析部分需要对模型的参数和稳定性进行一定的分析研究.

例如，2020 年全国大学生数学建模竞赛全国一等奖获得者万志、王亮、胡伟业的竞赛论文结果分析部分如下.

问题一模型的建立起步是将玩家从起点到终点的路线方案拆分成三个阶段，故而建立的目标优化模型也是分阶段的，模型的求解先是对每一个阶段的决策变量搜索最优值，此过程可以求解出最优方案条件下每一阶段每一天所消耗的物资量，以及该天剩余物资的量，通过人工计算前一天剩余物资量和补给的量进行对比，看两者之间的差额大小，如图 1 和图 2 所示.

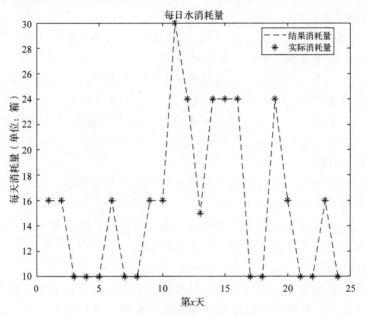

图 1　水消耗量比对

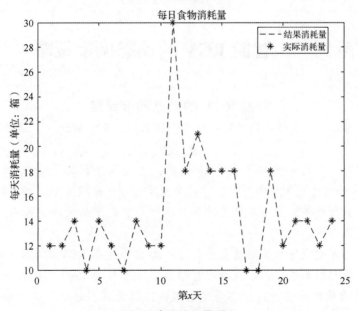

图 2　食物消耗量对比

由图 1 和图 2 可以看出两者之间的物资量完全重合，得出的结果一致，验证了模型的准确性.

5.3.7 模型的评价与改进

模型的评价与改进部分主要阐述模型的优缺点、改进方向和应用推广等，读者经过对这部分的阅读，能进一步了解本文的创新点和可能应用的场合.

例如，2020年全国大学生数学建模竞赛全国一等奖获得者万志、王亮、胡伟业的竞赛论文模型的评价与改进部分如下.

7.1 模型的优点

1. 本文的问题一首先根据已知条件建立最短路模型求解天数，再以此为约束条件建立目标优化模型，模型建立层层递进，由简到繁.

2. 本文的问题二建立的动态优化模型着眼全局，使得问题三只需改变某些约束条件再结合博弈论的知识便可给出玩家较好的路线选择方案，模型的适用性很强.

3. 本文利用一般化的公式系统对玩家游戏过程复杂的变化情况进行细致的机理分析，建立模型遵循问题的本质又超越问题本身，将抽象的问题具体化，简单易于理解.

7.2 模型的缺点

1. 问题一中探讨玩家最优选择路线方案时是根据模型的推导分阶段找寻最优方案，导致计算花费的时间较长.

2. 由于蒙特卡洛模拟天气对沙尘暴日的天数生成模糊，导致使用本文建立的模型与构建算法求出的结果可能是局部最优而不是全局最优.

7.3 模型的推广

本文根据游戏规则建立的动态目标优化模型，表面是帮助玩家决策游戏路线，使玩家回到终点的收益最大，而将该模型扩展到实际生活中同样具有重要的现实意义，对探险家或者地质学家安全且低成本地穿越沙漠具有很强的指导性和参考价值.

5.4 写作范例一：智能 RGV 的动态调度策略

智能 RGV 的动态调度策略

(2018 年全国大学生数学建模竞赛一等奖，江西理工大学姚诗梦、刘阳、刘建鹏)

摘 要

本文针对智能加工系统面临的三种具体情况，首先参考了排队论模型及商人过河问题，建立了 CNC 机台的状态更新机制用以描述动态调度过程，进而建立了相对应的动态调度模型，最后结合了启发式算法及贪婪算法的思想建立动态调度的策略，给出了对应模型的仿真求解算法.

在对物料进行单道工序加工的情景分析下，本文研究了 RGV 为 CNC 机台服务的初始路径对最终成料数目的影响. 通过遍历所有刚好能服务 8 台 CNC 机台各一次的初始路径，在一班次(8h)的作业时间内进行动态调度策略的仿真计算，然后以成料数目为筛选条件，对应三组参数各保留了一条最终成料数目最多的初始路径：1→3→5→7→8→6→4→2、4→6→8→7→5→3→2→1 和 5→3→1→2→4→6→8→7. 三条路径对应的三组参数的最终成料数目依次为 370、353、380.

在研究对物料进行两道工序的加工时，本文在对单道工序物料加工的情景研究基础上，不仅分析了 RGV 第一次为加工第一道工序的 CNC 机台的路径，还研究了 CNC 机台关于第一、二道工序的数目和位置的分配对于最终成料数目的影响. 计算方法仍为遍历所有可能的配比、位置分布和初始路径的情况. 通过对最终成料数目的比较，最终得到三组的一类、二类 CNC 机台最佳配比分别为 1:1、1:1 和 4:3，三组参数对应的最终成料数目依次为 205、177、209. 除此之外，第三组参数的计算结果表明：在加工第一道工序总时间与第二道工序的总时间之差较大时，最优策略并不需要 8 台机器全部参与加工. 例如第三组的最优调度策略中，2 号机器没有参与加工作业.

对于在 CNC 加工过程中加入故障机制后的问题的求解，本文将无故障情景下的状态更迭模型进行改进，使之更加符合实际生产. 并对动态调度策略的算法进行改进，使算法稳定性得到提高. 在对比无故障情形下，发生故障后，单道工序的三组参数的计算结果分别少了 3、19、4. 两道工序的三组参数的计算结果分别少了 6、6、11，波动范围在 1.4%~10.7%. 进行两道工序的加工过程较一道工序的加工其有序性更强，故障对其影响一般较大.

关键词：启发式算法；贪婪算法；商人过河模型；排队论

一、问题的提出

1.1　问题背景

智能加工系统在现代工业生产中有重要的地位，其能够用机器代替人做部分决策和智能处理，使人类从繁杂的工作中得以解放并进行更为智能的工作，是现代自动化控制的一个发展目标[1]. 现有一个某物料生产车间的智能加工系统（见图 1），其组成成分为 1 辆轨道式自动引导车（RGV）、1 条 RGV 直线轨道、1 条上料传送带、1 条下料传送带、8 台计算机数控机床（CNC）以及附属设备. RGV 是一种能够根据已发送指令自动控制移动方向的无人驾驶智能车，并能在固定的直线轨道上自由运行；其自带的一个机械手臂、两只机械手爪和物料清洗槽能够完成上下料及清洗物料等作业任务.

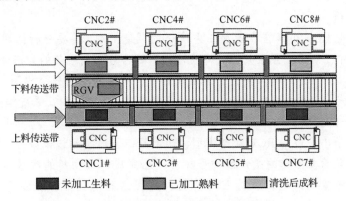

图 1　智能加工系统示意图

1.2　已知条件及需要解决的问题

已知条件以及系统结构详见附件 1：智能加工系统的组成与作业流程.

针对下面的三种具体情况，需要解决的问题如下.

情况一　在物料加工作业为单工序的情况下，给每台 CNC 安装相同刀具，物料则可以在任意一台 CNC 上加工完成；

情况二 在物料加工作业为双工序的情况下，存在两类 CNC，每一类分别加工不同的工序，则每个物料的第一、二道工序分别在两台不同的 CNC 依次加工完成；

情况三 CNC 在加工过程中且可能发生故障(发生概率约为 1%)的情况下，每次人工排除故障(故障的 CNC 上未完成的物料立即报废)时间介于 10～20 min，修理完毕即刻加入作业序列. 要求在此基础下分别考虑单工序以及双工序的物料加工作业情况.

问题一 对一般问题进行研究，给出 RGV 动态调度模型和相应的求解算法；

问题二 利用表 1 中系统作业参数的 3 组数据分别检验模型的实用性和算法的有效性，给出 RGV 的调度策略和系统的作业效率(一班次最多完成物料加工的件数)，并将具体结果分别填入附件 2：模型验证结果的 EXCEL 表中.

表 1 智能加工系统作业参数的 3 组数据表(每班次连续作业 8 h)   时间单位：s

系统作业参数	第 1 组	第 2 组	第 3 组
RGV 移动 1 个单位所需时间	20	23	18
RGV 移动 2 个单位所需时间	33	41	32
RGV 移动 3 个单位所需时间	46	59	46
CNC 加工完成一个单工序的物料所需时间	560	580	545
CNC 加工完成一个双工序物料的第一道工序所需时间	400	280	455
CNC 加工完成一个双工序物料的第二道工序所需时间	378	500	182
RGV 为 CNC1#, 3#, 5#, 7#一次上下料所需时间	28	30	27
RGV 为 CNC2#, 4#, 6#, 8#一次上下料所需时间	31	35	32
RGV 完成一个物料的清洗作业所需时间	25	30	25

二、问题分析

本文主要解决 RGV 小车在智能加工系统下的调度问题. 简要分析问题一与问题二的要求，发现问题一中三种情况存在共性，将共性抽离认为可得到一般的动态调度模型，但三种情况又存在差异性，因此还需对其进行逐层次讨论，并建立相应三类模型. 运用问题二的三组作业参数分别代入模型内进行计算求解，以判定该模型是否实用，系统作业效率是否较高.

2.1 问题一的分析

问题一要求给出一般的 RGV 动态模型，但问题二同时提示该模型的目标应为系统作业效率最高，不妨认为其考虑的是经过一班次后，已完成加工物料的数量为最大亦或是近似最大. 初步分析该智能系统工作的三种情况，发现这些情况都存在重叠部分，即都基于 RGV 从起点分别对 8 台小车进行一定顺序的服务，若服务顺序安排不合理，则容易出现等待情况，则此时出现加工时间减少，使得加工物料数量下降，因此如何安排 CNC 服务顺序是该一般动态模型的一大难点. 经过文献查找，得知该问题解决可以倾向于周期性再调度[2,3]方向进行思考，因此考虑以某几个 CNC 的服务顺序作为一个周期进行一般动态调动模型建立. 对于情况一、二，由于作业时不存在故障，即可视为无扰动的理想化智能调动. 同时在该调动过程中存在单工序以及双工序的物料加工作业情况，易知单工序的作业模型可在一般周期动态调动模型上进行服务顺序条件添加；由于 CNC 的刀具只能安装一种且情况二需建立双工序模型，则需要将 8 台 CNC 分为两类，因此该情况涉及如何将 CNC 进行合理的分类以及位置分配，使得经过一、二工序的 CNC 工作效率最高；情况三是建立在工作时间内随机出现的不确定性扰动问题模型，初步分析发现故障的时间节点可能在于 CNC 进行正常加工的时间段内，此时可通过 CNC 突然停止加工或 RGV 为其上下料结束却迟迟不开始加工等特性来判别是否故障，因此可以只关注于 CNC 加工时间段的故障分析，以此来简化动态调度模型. 本题的难点在于对一般以及情况一的模型进行 CNC 服务排序、对情况二的 CNC 如何合理分类分配以及对情况三进行故障后重调度的安排.

2.2　问题二的分析

该问题的目的为基于问题一模型建立后给出一个自检自评. 将 3 组数据分别代入三种不同情况的模型中，先说明各模型计算结果的合理性，再考虑其差异性，通过横向比较分析某一类工作时长在何种情况下更为适合，或通过纵向比较分析某种情况下更适合处理时长为多少的调度. 再进行算法的检验，验证其是否对不同的数据都能够达到较为理想的工作效率，在此严格明确工作效率概念，由于 CNC 为服务对象，因而认为以 CNC 工作时长与每班次时长之比作为工作效率较为合理；当 CNC 在该过程中尽可能多地进行加工，则最终成品数量也会尽可能多，而各类情况的横纵比较则可使用工作效率进行统一评比. 最终还需给出每种情况、不同工作时间下的调度策略，可在此理解为一周期的服务线路规划.

三、模型的假设与符号说明

3.1　模型的假设

1. 在每一班次开始启动的状态下，为安全起见，认为每一 CNC 工作台上以及清洗槽内都没有物料，则第一次的周期循环在任何情况下都是不产生成料的，且此时 8 台 CNC 都为空闲状态.

2. RGV 进行清洗时不会影响任何 CNC 的加工工作.

3. 当 CNC 发出需求信号时，认为 RGV 对 CNC 的决策时间足够短，对其忽略不计.

4. 当没有 CNC 发出需求信号时，RGV 则在原地等待；当有 CNC 发出需求信号但 RGV 在工作时，则该 CNC 也出现等待.

5. 在 28 800s 的工作时长结束后，即使存在清洗完毕但还未放置在下料传送带上的料，都不计入完成加工的物料中.

6. 进行双工序作业时，认为一、二道工序中都存在清洗时间.

7. CNC 发现故障情况只能是在其加工时段内突然未响应，或者进行上下料之后生料未被进行加工，但可以在一开始加工时就能判断是否发生故障，且规定人工维修时可能在 CNC 加工时段的任何一时刻.

8. CNC 的加工时间相对较长，远大于 RGV 移动、清洗以及等待所花费的时间.

3.2　符号说明

文中使用的符号及其意义如表 2 所示.

表 2　文中使用的符号及其意义

符号	意义
t_{mk}	RGV 移动 k 个单位所需时间（$k = 0,1,2,3$）
t_p	CNC 加工完成一道工序物料的所需时间
t_{pi}	CNC 加工完成一个双工序物料的第 i 道所需时间（$i = 1,2$）

续表

符号	意义
t_{si}	RGV 为 CNC(i)#上下一次料所需时间，其中 $t_{s(2n-1)} < t_{s(2n)}$ ($n = 1,2,3,4$)
t_c	RGV 完成一个物料清洗所需时间
F_k	调度策略函数
Λ	CNC 标号集，其为 $\{1,2,3,4,5,6,7,8\}$ 的子集
$S_{k,i}$	加工第 k 个物料时段内 CNC(i)#发出需求信号的时刻
χ	行向量，表示加工前 k 个物料时所选择的 CNC 标号，第 k 个物料的机台序号放置在第 k 列
m_1、m_2	双工序的工序一、工序二的 CNC 台数

四、模型的建立与求解

4.1　模型的准备

4.1.1　生料的名称变换

对于一件生料来说，经过不同形式的处理，物料的状态会相应发生变化，为保证接下来的表述无须每次对物料各状态进行详细说明，人为规定在不同的阶段，给定其不同的名称，一般加工通常分三个主要过程，具体名称见图 2.

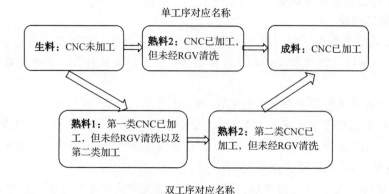

图 2　生料名称变换过程

图 2 表明，当该智能系统只进行单工序的作业调度时，生料会发生上面三种状态变化，即生料→熟料→成料；但若该系统需要将生料进行双工序加工，则生料会发生下面四种状态变化，即生料→熟料 1→熟料 2→成料. 当且仅当物料作为成料状态时，才表示该生料加工完毕，若缺少其中的某一环节，都不将其视为加工成功.

4.1.2　CNC 的工作方式

明确生料、成料分别位于上、下料传送带，且传送带两侧各为 4 台等距排列的 CNC，其中上料传送带对应 CNC 编号：CNC1#、CNC3#、CNC5#、CNC7#；下料传送带对应 CNC 编号：CNC2#、CNC4#、CNC6#、CNC8#；分 CNC 序号的奇偶，代表二者加工过程存在少许差别. 当 RGV 为奇数号 CNC 服务时，RGV 只需在正前方的上料传送带以及 CNC 工作台进行上下料操作即可；但当其为偶数号 CNC 服务时，RGV 需要先对上料传送带抓取生料，移动机械臂旋转 180°后，再对偶数号 CNC 进行上下料操作，则此时偶数号 CNC 上下料用时明显多于奇数号，即 $t_{s,(2n-1)} < t_{s,(2n)}$ ($n = 1,2,3,4$). 已知 CNC 同一时间只能安装 1 种刀

具、加工 1 个物料, 若为单工序的加工作业, 则 8 台全部安装同种刀具并加工同种物料; 但当进行双工序的加工作业时, 8 台 CNC 此时需分为两类, 每类安装同种刀具并加工同种物料, 只有当第一道工序的 CNC 加工完成后, RGV 才能将熟料 1 转移到第二道工序的 CNC 上. CNC 只有加工、空闲两种状态, 其中空闲中最后一段为 RGV 为其上下料的状态.

4.1.3 RGV 的工作方式

RGV 的初始位置位于 CNC1#、CNC2# 之间, 且一次能够移动 1、2、3 个单位 (相邻两台 CNC 距离为 1 个单位), 其可接收 CNC 的需求指令, 且同一时间内只能有移动、等待、上下料以及清洗作业中的一种动作.

RGV 的上下料作业: RGV 到达 CNC 正前方后, 机械爪 1 在上料传送带上抓取生料 A, 移动机械臂并旋转机械爪, 使用机械爪 2 抓取熟料 B; 在此旋转机械爪, 将 A 放置, 完成 CNC 工作台上的物料置换, 该过程完成时间为 t_{si}.

4.1.4 单工序流程

在刚连通电源的初始状态下, 所有 CNC 向位于 1、2 号机台间的 RGV 发送需求信号, RGV 在做出选择 (由于选择时间极小, 则忽略不计) 之后立即向被选择第 i 台 CNC 行进 k 单位, 所用时间为 t_{mk}, k 有 0、1、2、3 单位行进时间可供选择, 特别地, 当 $k=0$ 时, 表示 RGV 不行走, 即选择当前位置下的 CNC. 当 RGV 到达 CNC(i)# 处后, 立即开始上下料工作. 当在初始状态下工作时, RGV 所面对的只有生料, 暂无熟料; 经过 1 个周期生产加工后, 第 2 周期 RGV 才能进行生料 A 置换熟料 B 的过程, 因此第 1 个生产周期是无成料产出的. 当 RGV 完成上下料工作后, CNC 立即进行生料加工, 同时 RGV 开始进行清洗工作, 二者工作互不干扰. 当 RGV 进行清洗时, 则使用机械爪将熟料 B 与在清洗槽内的成料 C 进行置换, 将 C 放入下料传送带的时刻即清洗结束. 结束清洗后, RVG 继续回到等待需求状态, 若有 CNC 发出需求信号, 则 RGV 再次进行循环工作. 详细单工序循环流程见图 3.

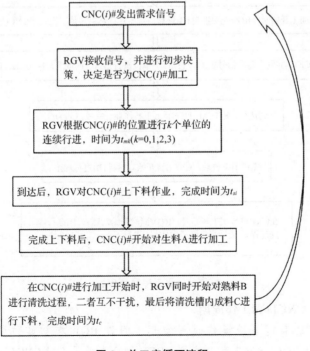

图 3 单工序循环流程

4.1.5 双工序流程

由于一个CNC只能安装一种刀具，若进行双工序加工，需将8台CNC分为两类，第一类为第一道工序，第二类为第二道工序，规定只有进行第一道工序后才能进行第二道工序。设 Λ_1 为第一类CNC的标号集，Λ_2 为第二类的标号集，则有

$$\Lambda_1 \cup \Lambda_2 = \{1,2,3,4,5,6,7,8\} \text{ 且 } \Lambda_1 \cap \Lambda_2 = \varnothing.$$

在初始状态下，第一道工序 $CNC(i)\#$ 向 RGV 发出需求信号 $(i \in \Lambda_1)$，RGV 进行决策后的工作过程类似于单工序。当 RGV 结束对 $CNC(i)\#$ 上下料后，其对熟料 $1B_1$ 进行清洗，清洗结束后 RGV 只能对第二道工序的机台 $CNC(j)\#$ 进行需求反应 $(j \in \Lambda_2)$，又经过移动、上下料以及对熟料 $2B_2$ 清洗后并下料，最终得到成料 C。RGV 在原地等待需求信号，若有 $CNC(k)\#$ 再次发出需求 $(k \in \Lambda_1)$，则 RGV 重新进行以上过程。详细双工序循环流程见图 4。

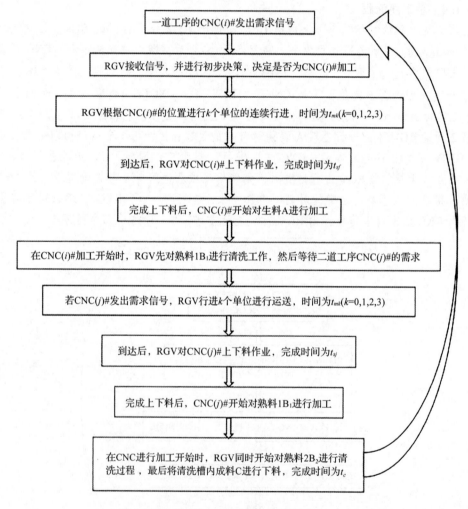

图 4 双工序循环流程

4.1.6 RGV-CNC(i)#工作周期

按照附件 1 中的智能系统操作过程叙述，假设 RGV 在初始位置，即位于 CNC1#、CNC2#正中间，若 $CNC(i)\#$ 发出需求信号，RGV 则会考虑是否对 $CNC(i)\#$ 做出应激反应，则

产生工作时间存在交叉的 RGV-CNC(i)#工作周期. 图 5 表明, 对于一个工作小周期来说, 其运行时间都是有关联的, 比如对单工序的 RGV, 只有当上下料完成后, CNC 才能开始加工, 而 RGV 在其加工开始时即刻进行清洗作业. 依实际情况来看, 二者的等待时间可能为 0 也可能非 0, 主要取决于其他 CNC 的状态; RGV 移动时间根据一次移动长度决定, 设为 $t_{mk}(k = 0,1,2,3)$, $t_{m0} = 0$ 代表 RGV 无须移动位置可直接对发出信号的 CNC 进行上下料工作; RGV 上下料时长与服务奇数或偶数号的 CNC 有关, 偶数号设为 $t_{s,2n}$, 奇数号设为 $t_{s,2n-1}$, 由于上下料传送带的放置使得 $t_{s,2n} > t_{s,2n-1}$; 清洗时间固定为 t_c, 一般为上下料后的工作时间.

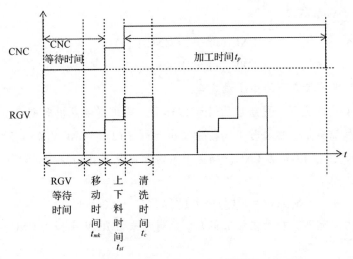

图 5　RGV-CNC(i)#工作周期

4.2　单工序的动态调度模型及其求解

4.2.1　对一般情况下调度过程的描述

本问可视为周期性再调度问题, 首先考虑一周期内对 8 台无故障 CNC 进行加工分配, 由于 CNC 加工时间 t_p 较长, 可认为总存在一条能够遍历所有点的路径使 RGV 服务完 8 个 CNC 后与 t_p 偏差时间不大. 系统的工作步骤如下.

① 在 CNC 加工第 k 个物料时 ($k = 1,2,\cdots$), 将其视为 k 状态.

② RGV 在结束清洗操作后为加工第 $k + 1$ 个物料而对所有的 CNC 进行选择, 将其视为选择调度策略 F_k, 基于一定算法及条件, 对将要进行服务的 CNC 做出筛选.

③ 若筛选结果为 CNC(l)#, RGV 接受选择策略的 F_k 调度安排后(反应时间忽略不计), 立刻前往为其服务, 其余 CNC 机器未得到 RGV 的响应, 开始等待.

④ RGV 为号 CNC(l)#机台上下料完毕后, 即刻进入清洗下料操作, 与此同时 CNC(l)# 开始加工.

⑤ RGV 为 CNC(l)#服务完毕, 则完成一次状态的更迭.

⑥ 重新执行②~⑤操作, 直到完成一个工作班次(8 h).

在 CNC 加工第 k 个物料的前提条件下, 其状态描述量有以下两个:

χ 为一个向量, 表示加工前 k 个物料时所选择的 CNC 标号, 则在进行第 k 个物料的加工时, 所使用的 CNC 标号为 $\chi(k)$;

$S_k(i)$ 为该加工时间段内 CNC(i)#发出需求信号的时刻. 由题知, 初始状态下由于8台 CNC 同时发出信号, 则

$$S_0(i) = 0 (i = 1,2,\cdots,8) .$$

RGV 加工第 k 个物料时, 经过选择调度算法 F_k 得到的 l 为加工下一物料而选择的 CNC 标号. F_k 的选择可表示为

$$f(i) = \begin{cases} 1, & i = l, \\ 0, & i \neq l, \end{cases} \quad (i = 1,2,\cdots,8) ,$$

上式为对于 CNC(i)#, 当 $f(i) = 1$ 时表示其被 RGV 选择, 否则为不被选择.

状态的转移可以表示为

$$CNC_k(i) \xrightarrow{F_k} CNC_{k+1}(i) ,$$
$$CNC_k(i) = \{ \mathcal{X}(k) , S_k(i) \} ,$$

式中, $CNC_k(i)$ 为当前状态下的描述量集合.

对于 $f(i) = 1$ 的情况下, 更新后的 CNC(l)#下次需求指令发出时刻 $S_{k+1}(l)$ 由三部分组成: CNC$\mathcal{X}(k)$#加工第 k 个物料时需求指令发出时刻 $S_k(l)$; CNC$\mathcal{X}(k)$#移动到 CNC(l)#所花费时间 $t_m(\mathcal{X}(k),l)$; RGV 为 CNC(l)#上下料时间以及 CNC(l)#加工时间 $t_s(l) + t_p$. 即

$$S_{k+1}(l) = S_k(l) + t_m(\mathcal{X}(k),l) + t_s(l) + t_p .$$

在 $f(i) = 0$ 的情况下, 对于在加工第 k 个物料时未被 RGV 选择的 CNC, 则其 $S_{k+1}(i)$ 存在以下更新:

由于清洗时间为 t_c , 那么 RGV 为 CNC(l)#服务结束时刻为

$$S_k(l) + t_m(\mathcal{X}(k),l) + t_c + t_s(l) ,$$

而 $S_k(i)$ 代表 CNC(i)#发出需求信号的时刻. 如果

$$S_k(i) > S_k(l) + t_m(\mathcal{X}(k),l) + t_c + t_s(l) ,$$

说明 RGV 则需要等待 CNC(i)#加工结束, 而 CNC(i)#等待时刻应该为 $S_{k,i}$; 若

$$S_k(i) < S_k(l) + t_m(\mathcal{X}(k),l) + t_c + t_s(l) ,$$

说明 CNC(i)#发出需求信号时 RGV 还在服务, 此时 CNC(i)#等待时刻为

$$S_k(l) + t_m(\mathcal{X}(k),l) + t_c + t_s(l) .$$

综上所述, CNC(i)#在第 $k + 1$ 个状态下需求指令发出的时刻为

$$S_{k+1}(i) = \begin{cases} S_k(i) + t_m(\mathcal{X}(k),i) + t_s(i) + t_p, & i = l, \\ \max\{ S_k(i) , S_k(l) + t_m(\mathcal{X}(k),l) + t_c + t_s(l) \}, & i \neq l. \end{cases}$$

4.2.2 单工序对调度策略 F_k 的算法分析和设计

1. 调度策略 F_k 的实施算法

基于贪婪算法思想, RGV 对于 CNC(i)#需求命令的选择, 应取下一步接收命令并实行服务的时间最短的最优方案. 对于 RGV 来说, 选择好下一步服务对象为 CNC(i)#, 为其服务完毕后(即清洗结束)所对应的时刻为

$$F_k = t_m(\mathcal{X}(k),i) + S_k(i) + t_{s,i}, \quad i = 1,2,\cdots,8 ,$$

式中，$t_m(X(k),i)$ 表示 CNC$X(k)$#移动到 CNC(i)#所花费时间；$S_k(i)$ 表示 CNC(i)#在第 k 个状态下需求指令发出的时刻；$t_s(i)$ 表示 RGV 为 CNC(i)#上下料时间.

综上，可设计如下无约束规划模型：

$$\min F_k = t_m(X(k),i) + S_{k,i} + t_{s,i}, \quad i = 1,2,\cdots,8.$$

求解出满足结束时刻最小的 CNC 编号为 $i = l$.

2. 初始状态路径优化模型

基于对初始状态 $S_{0,i} = 0(i = 1,2,\cdots,8)$ 的优化，在 CNC 加工时间 t_p 较长的条件下，若使用 1 的调度模型，其路径为

$$1 \to 2 \to 3 \to 4 \to 5 \to 6 \to 7 \to 8.$$

将该过程所花费的总时间设为 t_r，若 $t_p + t_{s,1} > t_r$，即 CNC1#结束加工时间大于完成初始路径所费总时间时，则 RGV 在对 CNC8#服务完成后，并不能立即回到初始位置，而是需要等到 CNC1#加工完毕后发出需求指令，RGV 接收到该信号时才能折返，因此所有结束加工的 CNC 都会多等待 $t_{m,3}$（s），即从 CNC8#处连续行进 3 个单位到 CNC1#的时长. 该初始路径不利于机台的安排利用，使得每台 CNC 的利用率降低.

在满足 $t_p + t_{s,i} > t_r$ 条件下，即走完该路径后能使得 RGV 从第一次服务的 CNC(i)#开始并遍历所有工作台后，回到原来出发点，该过程所花费时间也小于第一台上料时间与加工时间之和，在此情境下可使得对于当前循环的 CNC 等待时间最短，且在遍历 8 台机器的情况下所花时间最小. 节省的时间为

$$t_p + t_s - t_r',$$

式中，t_r' 为某一路径花费的时间.

当 CNC 加工时间 t_p 较少时，最为理想的情况为所有 CNC 等待 RGV 响应时间为 0，即每一台机器的加工完后，发出的需求信号能及时得到响应，此时对于 RGV 的路径要求则更低. 在此情况下 CNC 的空闲时间主要由 RGV 服务的机台数决定.

本题对 RGV 动态调度的策略设计，主要考虑加工时间 t_p 较长的工序. 基于以上分析，可对初始路径进行以下设计，即需要 RGV 对 8 个 CNC 在一次周期内都要进行服务，且终点需与起点相邻，可将该问题视为 TSP 最后路径未闭合问题，建立约束条件，以此为目标遍历所有的可行路径并选取较好的初始路径（即第一个循环路径）. 具体模型如下.

$$\sum_{i=1}^{8}\sum_{j=1}^{8} t_{ij} \cdot x_{ij}\, i \neq j,$$

$$\text{s. t. } 0 \leqslant x_{ij} \leqslant 1, i,j = 1,2,\cdots,8,$$

$$\sum_{i=1,i\neq j}^{8} x_{ij} = 1, j = 1,2,\cdots,8,$$

$$\sum_{j=1,i\neq j}^{8} x_{ij} = 1, i = 1,2,\cdots,8,$$

$$a_i - a_j + 8x_{ij} \leqslant 7, 1 \leqslant i \neq j \leqslant 8,$$

$$a_i \in Z, i = 1,2,\cdots,8,$$

式中，t_{ij} 表示 CNC(i)#到 CNC(j)#所需时间，由该题已知信息可得到元素为 t_{ij} 的时间矩阵：

$$T_{ij} = \left[t_{ij} \right]_{8 \times 8} = \begin{bmatrix} T_0 & T_{m,1} & T_{m,2} & T_{m,3} \\ T_{m,1} & T_0 & T_{m,1} & T_{m,2} \\ T_{m,2} & T_{m,1} & T_0 & T_{m,1} \\ T_{m,3} & T_{m,2} & T_{m,1} & T_0 \end{bmatrix}, T_0 = \left[0 \right]_{4 \times 4}, T_{m,k} = \left[t_{m,k} \right]_{4 \times 4}, k = 1, 2, 3.$$

通过以上模型,能够得到所有路径组合,为寻求周期路径提供了一个很好的选择范围.

4.2.3 单工序的动态调度求解

使用已知的三组数据,分别代入上述模型中,并使用附录1求解程序得出三组数据排列方案,部分数据见表3.

表3 情况一的部分数据结果　　　　　　　　　　　　时间单位:s

第一组				第二组				第三组			
加工物料序号	加工CNC编号	上料开始时间	下料开始时间	加工物料序号	加工CNC编号	上料开始时间	下料开始时间	加工物料序号	加工CNC编号	上料开始时间	下料开始时间
1	1	0	641	1	4	23	726	1	5	32	674
2	3	73	734	2	6	111	814	2	3	102	744
3	5	146	807	3	8	199	902	3	1	172	814
4	7	219	880	4	7	264	962	4	2	224	871
5	8	272	936	5	5	347	1045	5	4	299	951
6	6	348	1015	6	3	430	1128	6	6	374	1026
7	4	424	1091	7	2	513	1216	7	8	449	1101
8	2	500	1167	8	1	578	1276	8	7	506	1153
…	…	…	…	…	…	…	…	…	…	…	…
367	4	27919	28586	350	3	27864	28562	377	5	27946	28593
368	2	27995	28662	351	2	27947	28650	378	3	28016	28663
369	1	28051	28715	352	1	28012	28710	379	1	28086	28733
370	3	28124	28788	350	3	27864	28562	380	2	28138	28790

注:详细数据见支撑材料:Case_ 1_ result. xls.

从详细数据表中可以归纳出在单工序调度下,各组最终加工的最多成料数以及一个工作周期内RGV进行每台CNC遍历的初始路径.虽然看似得出了较好的结果,但在此需要对该结果的实际性和合理性进行必要的检测及说明,因此选择对每一组数据再另外挑选2条初始路径,并计算出对应的最终加工成料数,结果比较见表4.

表4 不同数据、不同初始路径下的加工成料数

	最终加工成料数/件	周期路径
第一组	370	1→3→5→7→8→6→4→2
	356	1→2→3→4→5→6→7→8
	353	8→7→6→5→4→3→2→1

续表

	最终加工成料数/件	周期路径
第二组	353	4→6→8→7→5→3→2→1
	336	1→2→3→4→5→6→7→8
	334	8→7→6→5→4→3→2→1
第三组	380	5→3→1→2→4→6→8→7
	366	1→2→3→4→5→6→7→8
	361	8→7→6→5→4→3→2→1

注：每组第一行为求解出的最优初始路径以及成料数.

从表 3 中不难看出，当初始路径选择不相同时，即使参数相同的情况下，最终总成料数也不相同. 由于该模型求解过程是遍历所有的初始路径取得成料产出数目最大，因此上述结果可说明该模型算法有效，且在该系统作业中效率也较高；同时在同一模型中，参数变量不同时得出的结果也比较符合实际，不过最终求解出的成料数目相比之下较多.

通过比较每组初始路径中的 1→2→3→4→5→6→7→8 情况以及 8→7→6→5→4→3→2→1 情况，发现正序比逆序得到的成料数稍多，且 RGV 为第一台服务的 CNC 标号有所差异，前者为奇数，后者为偶数，由此得到历经 8 台时与 CNC 序号的奇偶选择顺序有关. 但正序与逆序都比所求的较优路径总成料数目少，这证明了对于加工时间 t_p 较长时，为减少 CNC 的等待时间，在初始状态下，第 1 个被服务的 CNC 与第 8 个被服务的 CNC 不应相离最远. 这从侧面证明了 RGV 选择初始服务的 CNC 对最终加工数目影响的重要性.

4.3　双工序的动态调度模型及其求解

4.3.1　对一般情况下调度过程的描述

基于上文中对一般情况下调度过程的描述，发现双工序的动态调度也大致符合，但在调度策略函数 F_k 的制订及路径规划上有所不同，双工序使用的刀具不相同，则加工顺序也有所不同. 考虑到实际生产中生产商对材料要求节约利用，同时合理地做到 CNC 等待时间较短，应当使得双工序的生产速率相接近，并且优先满足工序一的加工，才能保证工序二的执行. 具体的系统工作步骤如下.

①RGV 经选择策略 F_k 对第一类机台 CNC(Λ_1)#进行筛选，在 CNC(Λ_1)#上加工第 k 个物料时（$k = 1, 2, \cdots$），将其视为 k 状态.

②RGV 在结束清洗操作后，得到对应第 k 个物料的熟料 1，并经过选择调度策略 F_k 对所有的第二类机台 CNC(Λ_2)#进行筛选，为加工第 k 个物料的第二道工序选择第二类机台.

③若筛选结果为 CNC(Λ_2)#机台中标号为 l 的机台，RGV 接受选择策略的 F_k 调度安排后（决策时间忽略不计），立刻前往为其服务，将其视为 $k + 1$ 状态的开始. 其余所有的 CNC 机台未得到 RGV 的响应，则开始等待.

④RGV 为 CNC(l)#（转移第 k 个物料的熟料 1 到第二类机台）上下料完毕后，即刻进入清洗下料操作，与此同时 l 号 CNC 开始对第 k 个物料的熟料 1 加工.

⑤RGV 为 l 号 CNC（第二类 CNC 机台）服务完毕，则完成一次状态的更迭.

⑥RGV 重新执行①~⑤操作，直到完成一个工作班次（8 h）.

由 4.2.1 节知对一般情况下调度过程的描述中：

RGV 加工第 k 个物料时，经过选择算法 F_k 得到的 l 为加工下一物料而选择的 CNC 标号. F_k 的选择可表示为

$$f_i = \begin{cases} 1, i = l, \\ 0, i \neq l, \end{cases} \quad i = 1, 2, \cdots, 8.$$

对于 CNC(i)# $(i = 1, 2, \cdots, 8)$，$f_i = 1$ 时表示为被 RGV 选择；否则为不被选择.

$$\mathrm{CNC}_k(i) \xrightarrow{F_k} \mathrm{CNC}_{k+1}(i),$$
$$\mathrm{CNC}_k(i) = \{ \chi(k), \ S_k(i) \},$$

χ 为加工前 k 个物料时所选择过的 CNC 的标号的向量，则在进行第 k 个物件的加工时，所使用的 CNC 标号为 $\chi(k)$.

对于 $f(i) = 1$ 的情况下，更新后的 CNC(l)#下次需求指令发出时刻 $S_{k+1, l}$ 由以下部分组成：CNC$\chi(k)$#加工第 k 个物料时需求指令发出时刻 $S_k(l)$；CNC$\chi(k)$#移动到 CNC(l)#所花费时间 $t_m(\chi(k), l)$；RGV 为 CNC(l)#上下料时间 $t_{s, l}$ 以及加工时间 t_p.

$$S_{k+1}(l) = S_k(l) + t_m(\chi(k), l) + t_s(l) + t_p.$$

在 $f(i) = 0$ 的情况下，对于在加工第 k 个物料时未被 RGV 选择的 CNC，则其 $S_{k+1}(i)$ 存在以下更新.

由于清洗时间为 t_c，那么 RGV 为 CNC(l)#服务结束的时刻为

$$S_k(l) + t_m(\chi(k), l) + t_c + t_s(l),$$

而 $S_k(i)$ 代表 CNC(i)#发出需求信号的时刻. 若

$$S_k(i) > S_k(l) + t_m(\chi(k), l) + t_c + t_s(l),$$

说明 RGV 则需要等待 CNC(i)#加工结束，而 CNC(i)#等待时刻应该为 $S_k(i)$；若

$$S_k(i) < S_k(l) + t_m(\chi(k), l) + t_c + t_s(l),$$

说明 CNC(i)#发出需求信号时 RGV 还在服务，此时 CNC(i)#等待时刻为

$$S_k(l) + t_m(\chi(k), l) + t_c + t_s(l).$$

综上所述，CNC(i)#在第 $k + 1$ 个状态下需求指令发出的时刻为

$$S_{k+1}(i) = \begin{cases} S_k(i) + t_m(\chi(k), i) + t_s(i) + t_p, & i = l, \\ \max\{ S_k(i), \ S_k(l) + t_m(\chi(k), l) + t_c + t_s(l) \}, & i \neq l. \end{cases}$$

4.3.2　双工序调度函数 F_k 的分析试设计

针对双工序作业时，对调度函数 F_k 进行调整，实现对所有的 CNC 进行分类，分为一类机与二类机，则有

$$x_i = \begin{cases} 1, i \text{ 为一类机}, \\ 0, i \text{ 为二类机}, \end{cases} \quad i = 1, 2, \cdots, 8,$$

对于 F_k 来说，只有先调度一类机的情况下才能选择二类机.

对于 $\forall S_{0, i} = 0$，只对一类机进行调度；χ 为加工前 k 个物料时所选择的 CNC 标号向量；在进行第 k 个物件的加工时，所使用的 CNC 标号为 $\chi(k)$. 对于 $k > 1$ 来说，$x_{\chi(k)} = 0$，则 F_k 只能调度 $x_i = 1$ 的 CNC；反之 $x_{\chi(k)} = 1$，则 F_k 只能调度 $x_i = 0$ 的 CNC.

调度规则类似于单工序调度策略 F_k 的算法分析和设计，添加工序顺序约束得到

$$\min \quad F_k = t_m(\mathcal{X}(k),i) + S_k(i) + t_s(i), \quad i = 1,2,\cdots,8,$$

$$\text{s. t.} \quad x_{\mathcal{X}(k)} + x_i = 1,$$

$$x_i = \begin{cases} 1, i \text{ 为一类机} \\ 0, i \text{ 为二类机} \end{cases}, i = 1,2,\cdots,8,$$

求解出 $i = l$，且 $x_{\mathcal{X}(k)} + x_i = 1$. 此时的 l 满足 1-2-1-2 的交替加工顺序. 将约束后的 l 代入上述的工作情景，即可得到一个工作班次的加工情况.

4.3.3　加工不同工序的 CNC 机台位置、数目优化及求解模型

1. 分析

工序一加工所花费的时长设为 t_{p1}，工序二加工所花费的时长设为 t_{p2}，则对于 8 台 CNC 来说，进行第一道工序的台数为 m_1，第二道工序的台数为 m_2. 为满足生产中对材料的节约利用，尽可能使得当完成工序一后就存在工序二的 CNC 向 RGV 发出需求信号，将该想法转换于模型中即可表述为对每一类机台来说，不同类的一个机台加工时长应近似相等，才能保证工序一与工序二之间的时间差别不大，尽可能高效利用 CNC 的加工时间，则有如下等式

$$\frac{m_2}{m_1} \approx \frac{t_{p2}(i) + t_s(i)}{t_{p1}(i) + t_s(i)}, \quad 0 < m_1 < 8, \ 0 < m_2 < 8, \ m_1, m_2 \in \mathbf{Z}_+,$$

式中，$t_{pk}(i) + t_s(i)$ 表示第 k 道工序加工总时长由上下料以及 CNC 加工时间组成（$k = 1,2$）.

为保证先加工好的熟料 1 可以尽快到达工序二的 CNC，应使一类机和二类机的位置分配有一定合理的规则，现列举两种 4-4 位置分配规则，将其加工效果做比较，以判定哪种位置分配较合理，分配情况如图 6 所示.

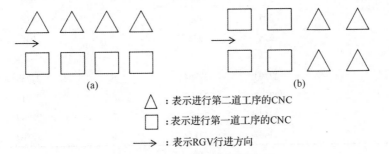

：表示进行第二道工序的CNC

：表示进行第一道工序的CNC

→：表示RGV行进方向

图 6　双工序的两种位置分配情况

在图 6(a) 中有关于一类机及二类机的分布，且一与二相互对应，大大减少了在一类机上完成的熟料 1 到二类机的时间. 但是在图 6(b) 的图形中，经一类机加工后的熟料 1 在运往二类机时所往返花费的时间较多，其在路线上所花时间越多，CNC 等待的时间也越多. 所以也不利于 CNC 的使用.

同理当某一型号的机器数较少时，应将较少一类的机台集中让另一类机台均匀地围绕在四周，才能避免出现一、二类机相隔较远的情况，列举一种情形如图 7 所示.

2. 一类、二类机位置分配及数量配比的求解

通过遍历 RGV 服务一类机求解出较好的初始路径，可参照 4.2.2 节的第 1 部分的初始状态优化模型，并作进一步改进. 一类、二类机位置分配模型为

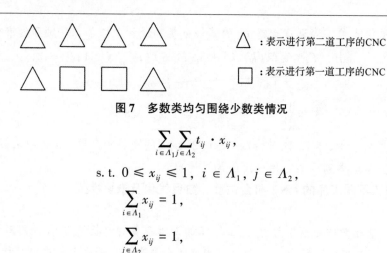

图 7　多数类均匀围绕少数类情况

$$\sum_{i \in \Lambda_1} \sum_{j \in \Lambda_2} t_{ij} \cdot x_{ij},$$

$$\text{s.t. } 0 \leqslant x_{ij} \leqslant 1, \ i \in \Lambda_1, \ j \in \Lambda_2,$$

$$\sum_{i \in \Lambda_1} x_{ij} = 1,$$

$$\sum_{j \in \Lambda_2} x_{ij} = 1,$$

$$a_i \in \mathbf{Z},$$

$$a_i - a_j + 8x_{ij} \leqslant 7.$$

可以求解出所有的位置分配.

4.3.4　双工序的动态调度模型求解

使用以上模型进行求解, 求解程序见附录二, 所得出的部分数据结果见表 5 至表 7, 表 8 为经过详细数据整理出的数据.

表 5　第一组情况二的部分数据结果　　　　　　　时间单位: s

加工物料序号	工序 1 的 CNC 编号	上料开始时间	下料开始时间	工序 2 的 CNC 编号	上料开始时间	下料开始时间
1	7	46	535	8	560	1133
2	5	119	664	6	689	1262
3	3	205	793	4	818	1391
4	1	278	922	2	947	1520
…	…	…	…	…	…	…
202	5	27194	27764	6	27789	28362
203	3	27323	27893	4	27918	28491
204	1	27452	28022	2	28047	28620
205	7	27607	28177	8	28202	28775

表 6　第二组情况二的部分数据结果　　　　　　　时间单位: s

加工物料序号	工序 1 的 CNC 编号	上料开始时间	下料开始时间	工序 2 的 CNC 编号	上料开始时间	下料开始时间
1	5	41	444	6	474	1137
2	7	124	592	8	622	1285
3	4	225	763	3	793	1451
4	1	313	906	2	936	1599
…	…	…	…	…	…	…
174	7	26938	27596	8	27626	28289
175	4	27104	27767	3	27797	28455
176	1	27252	27910	2	27940	28603
177	5	27418	28076	6	28106	28769

表 7　第三组情况二部分数据结果　　　　　　　时间单位：s

加工物料序号	工序 1 的 CNC 编号	上料开始时间	下料开始时间	工序 2 的 CNC 编号	上料开始时间	下料开始时间
1	7	46	587	4	388	898
2	6	116	719	5	612	1052
3	3	191	841	8	744	1179
4	1	261	968	5	866	1306
…	…	…	…	…	…	…
207	3	27437	28126	8	28029	28464
208	1	27564	28253	5	28151	28591
209	7	27691	28407	4	28310	28718

注：详细数据见支撑材料：Case_ 2_ result. xls.

表 8　双工序下不同组参数得到的相关信息　　　　　时间单位：s

	最终加工成料数/件	第一道工序 CNC 编号	第二道工序 CNC 编号	周期路径
第一组	205	1、3、5、7	2、4、6、8	7→8→5→6→3→4→1→2
第二组	177	1、4、5、7	2、3、6、8	5→6→7→8→4→3→1→2
第三组	209	1、3、6、7	4、5、8	7→4→6→5→3→8→1→5

由 CNC 分配方式与其对应的总加工成料的数量关系可知，CNC 的分配方式对加工出成料的数量有着很大影响，结合各组加工 1、2 道工序的时间，可得出结论：最好的 CNC 机台分配方式是尽量使整个加工过程中加工 1、2 道工序分别花费总时间尽量接近. 为平衡工作时间，必要时并不需要 8 台不同的 CNC 在同一工作周期内工作.

4.4　存在故障的动态调度模型

4.4.1　单工序存在故障模型

由问题分析可知，CNC 在加工过程中才有可能被发现故障，发现故障后，下一次该 CNC 发出需求信号 $S_{k+1}(i)$ 的时刻为修理好后，且已知修理的时间介于 $10 \sim 20$ min 之间.

对于一道工序的物料加工作业情况，有以下分析.

同样有调动函数 F_k 使得 k 状态下到 $k+1$ 状态存在选择

$$\mathrm{CNC}_k(i) \xrightarrow{F_k} \mathrm{CNC}_{k+1}(i)\ ,$$

$$\mathrm{CNC}_k(i) = \{ \mathcal{X}(k)\ ,\ S_k(i) \}\ .$$

在上述变化中，$S_k(i)$ 的变化由两部分决定，一部分由 F_k 调度函数决定，另一部分由加工过程中是否发生故障决定. 由于随机发生的故障(1%的概率)具有不确定性，则对以下量进行设定.

α 为一随机变量，并且 $\alpha \sim N(0,\ 1)$ ，当 CNC 处于加工状态时，

$$f = \begin{cases} 0, \alpha_\lambda < 0.01, \\ 1, \alpha_\lambda > 0.01, \end{cases}$$

式中，λ 为 $0 \sim 1$ 间一个服从标准正态分布的随机变量，并与 α 有关联.

发生故障后的修理时间在实际生产过程中也是一个随机变量 x_u，其介于 $10 \sim 20$ min 之间，则在 k 状态下向 $k+1$ 状态转换的过程中，对于经 F_k 选择的 l 号 CNC 下次发出需求信号的时刻为

$$S_{k,i} + t_m(\mathcal{X}(k),i) + t_s(i) + f \cdot t_p + (1-f)(\lambda \cdot t_p + x_u), \qquad i = l,$$

式中, $\lambda \cdot t_p$ 决定了 CNC 在加工多久之后发生了故障.

对于未被 F_k 选择且属于在工作状态的 CNC, 其下一次发出需求信号的时刻由它被 RGV 选中时决定, 并随时间变化. 在此只比较其与

$$S_k(l) + t_m(\mathcal{X}(k),l) + t_c + t_s(l)$$

的大小关系.

综上, 加入故障扰动后的 $S_{k+1}(i)$ 如下.

$$S_{k+1}(i) = \begin{cases} S_{k,i} + t_m(\mathcal{X}(k),i) + t_s(i) + f \cdot t_p + (1-f) \cdot (\lambda \cdot t_p + x_u), & i = l, \\ \max\{S_k(i), S_k(i) + t_m(\mathcal{X}(k),l) + t_c + t_s(l)\}, & i \neq l. \end{cases}$$

4.4.2　双工序存在故障模型

加入随机的故障扰动后, 对于双工序的作业情况, 由于其有固定的加工顺序, 则对于故障分别发生在一类机 CNC(Λ_1)#和二类机 CNC(Λ_2)#上时, 调度函数 F_k 也要发生对应的调整.

对于 CNC(Λ_1)#来讲, 若其发生故障, 则 RGV 在下一次为此故障机服务时, 仅为其送物料, 服务完成时不需要转向 CNC(Λ_2)#服务. RGV 此时仍为其他正常 CNC(Λ_1)#服务.

但是对于二类机 CNC(Λ_2)#的调度和 S_k 时刻转换, 其与单道工序的故障扰动调度模型应一致. 而对于 CNC(Λ_1)#, 当某一台 CNC 发生故障后第一次被 RGV 服务时, 符合一般情况下的调度算法. 但 RGV 服务故障后被修复的 CNC(Λ_1)#时, RGV 调度函数需发生改变.

某状态下, CNC(j)#发生故障, 定义集合 Sc 为按照先后顺序记录故障的 CNC 机器的编号, 并假设 k 状态下为修复后的 CNC(j)#服务, 定义 0-1 变量 x_i 为

$$x_j = \begin{cases} 1, & j \text{ 为一类机}, \\ 0, & j \text{ 为二类机}, \end{cases} \quad j = 1,2,\cdots,8,$$

$$sc(j) = \begin{cases} 1, & j \in Sc, \\ 0, & j \notin Sc, \end{cases} \quad j = 1,2,\cdots,8,$$

式中, $sc(j)$ 表示 CNC(j)#发生故障与否的一个判定.

对于 $k+1$ 状态, 依旧定义 RGV 选择的机台为 CNC(l)#, 则有

$$S_{k+1}(i) = \begin{cases} S_k(i) + t_m(\mathcal{X}(k),i) + t_s(i) + f \cdot t_p + (1-f) \cdot (\lambda \cdot t_p + x_u), & i = j, \\ \max\{S_k(i), S_k(l) + t_m(\mathcal{X}(k),l) + t_c + t_s(l)\}, & i \neq j. \end{cases}$$

调度策略函数 F_{k+1} 为

$$F_{k+1} = t_m(j,i) + S_{k+1}(i) + t_s(i+1), \quad i = 1,2,\cdots,8.$$

对于 CNC(j)#来说, 其状态只有故障与非故障之分, 若故障, 认为 CNC(i)#即 CNC(j)#; 若非故障, 则 RGV 只能对 CNC(i)#、CNC(j)#其中一个进行选择服务.

综上所述, 调度策略函数 F 模型应为

$$\min F_{k+1} = t_m(j, i) + S_{k+1}(i) + t_s(i+1), \quad i = 1,2,\cdots,8,$$

$$\text{s.t.} \quad sc(j) \cdot (x_j - x_i) = 0,$$

$$(sc(j) + 1) \cdot (x_j + x_i) = 1,$$

$$x_l = \begin{cases} 1, & sc(j) = 1, \\ 0, & sc(j) = 0. \end{cases}$$

最终解得 $i = l$，此时 CNC(l)#仍为一类机，同时更新集合 $Sc = Sc \setminus \{j\}$.

4.4.3 单工序的故障存在模型求解

使用以上模型进行求解，求解程序见附录三，所得出的部分数据结果见表 9 和表 10，其中表 9 为各组加工顺序，表 10 为各组故障出现序号及各参数.

表 9　情况三单工序部分求解数据　时间单位：s

第一组				第二组				第三组			
加工物料序号	加工CNC编号	上料开始时间	下料开始时间	加工物料序号	加工CNC编号	上料开始时间	下料开始时间	加工物料序号	加工CNC编号	上料开始时间	下料开始时间
1	5	32	649	1	4	23	773	1	5	32	649
2	3	102	719	2	3	111	927	2	3	102	719
3	1	172	789	3	6	199	839	3	1	172	789
4	2	224	846	4	7	300	1010	4	2	224	846
5	4	299	926	5	8	383	1093	5	4	299	926
6	6	374	1001	6	8	466	1181	6	6	374	1001
7	8	449	1076	7	2	590	1305	7	8	449	1076
...	...	...	...	...	...	...	...	...	...	...	...
373	7	27924	28546	331	6	27773	28464	373	7	27924	28546
374	5	27994	28616	332	2	27907	28598	374	5	27994	28616
375	3	28064	28686	333	1	27972	28658	375	3	28064	28686
376	1	28134	28756	334	3	28055	28741	376	1	28134	28756

表 10　单工序故障物料信息　时间单位：s

	故障时的物料序号	故障 CNC 编号	故障开始时间	故障结束时间
第一组	302	6	23025	23683
	19	6	2008	3035
第二组	181	8	15460	16381
	250	8	21463	22304
	79	8	6017	7001
第三组	111	7	8748	9459
	255	5	19309	20292

在单道工序的一般化模型中，考虑故障时，发现第二组数据的波动较大，分析其原因，可能是由于其加工时间比其余两组参数要大，所以受故障的影响较大；而且对于第二组数据，其发生故障的次数较多，从而使得数据变化较大. 对于第三组参数在故障数目与第二组相同的情况下，反而数据波动幅度较小，推测导致该结果的原因与 RGV 的工作周期稀疏、CNC 加工加工时间较短有关，而第一组几乎不曾变过，其加上故障损失后与无故障时差别不大.

4.4.4 双工序的故障存在模型求解

使用双工序故障模型进行求解，求解程序见附录四，所得出的部分数据结果见表 11 至表 13，表 14 为双工序故障机台信息.

表 11 情况三第一组双工序部分求解数据 时间单位：s

加工物料序号	工序 1 的 CNC 编号	上料开始时间	下料开始时间	工序 2 的 CNC 序号	上料开始时间	下料开始时间
1	7	46	548	8	573	1146
2	5	119	677	6	702	1275
3	3	192	806	4	831	1404
4	1	265	935	2	960	1533
…	…	…	…	…	…	…
199	1	26993	27563	8	27763	28336
200	7	27148	27718	6	27892	28465
201	5	27277	27847	4	28021	28594
202	3	27406	27976	2	28176	28749

表 12 情况三第二组双工序部分求解数据 时间单位：s

加工物料序号	工序 1 的 CNC 编号	上料开始时间	下料开始时间	工序 2 的 CNC 序号	上料开始时间	下料开始时间
1	5	41	444	6	474	1137
2	7	124	592	8	622	1285
3	4	225	763	3	793	1451
4	1	313	906	2	936	1599
…	…	…	…	…	…	…
171	5	26386	27044	6	27536	28199
172	7	26534	27192	8	27702	28365
173	4	26700	27363	3	27850	28513
174	1	26848	27506	2	28021	28679

表 13 情况三第三组双工序部分求解数据 时间单位：s

加工物料序号	工序 1 的 CNC 编号	上料开始时间	下料开始时间	工序 2 的 CNC 序号	上料开始时间	下料开始时间
1	7	46	601	8	626	1193
2	6	116	733	5	758	1066
3	3	191	855	4	880	1447
4	1	261	3337	5	1039	1320
…	…	…	…	…	…	…
199	3	26713	27350	5	27815	28138
200	7	26845	27477	8	27979	28260
201	1	26986	27617	4	28106	28560
202	2	27145	27772	5	28233	28719

表 14 情况三双工序故障物料信息 时间单位：s

	故障时的物料序号	故障 CNC 编号	故障开始时间	故障结束时间
	8	8971	9955	61
第一组	1	9845	10934	72
	2	22441	23436	160

续表

	故障时的物料序号	故障 CNC 编号	故障开始时间	故障结束时间
	41	5	6178	7279
第二组	132	1	20447	21500
	145	1	22532	23621
	16	5	2709	3448
	38	3	5318	6266
第三组	177	4	24571	25206
	185	7	24979	26026
	191	5	26720	27445

将发生故障后的成料数目与理想状态下无故障干扰的最终成料数目做比较. 对于波动较大的第三组进行分析, 发现其出现的故障次数为 5 次. 对第三组的影响较大. 其余两组, 故障对它们的影响都比第二组小. 在故障次数不多的情况下, 设计的调度策略波动并不算大. 去除故障损失, 三组分别与无故障情形下差了 3、3、6 个成料. 相对于单道工序的一般模型, 双道工序的有序性规则较强, 所以故障对其影响较大.

五、结果分析

针对情况一和情况二, 本模型采用了遍历所有 CNC 分配方式和初始路径搭配方法的形式, 对模型进行求解, 最后保留加工出的成料数量最多的方法 (结果不唯一, 只取了一个), 尽可能地使结果最优.

针对情况三, 在加入故障机制后, 问题的情况更加符合实际, 模型的求解结果与未加入故障机制前相比, 加工出的成料数量减少的量一般在 20 个以内, 相对于总量变化在 7% ~ 10%.

六、模型的评价与改进

6.1　优点

(1) 借鉴启发式算法的原理, 本文在较小的计算量下, 得到了符合实际生产的满意解及近优解;

(2) 对各种 RGV 的初始路径进行了探索, 得到多组较优的路径规划, 并使得 RGV 的运行路径稳定性得到提高, 同时也提高了系统的稳定性;

(3) 在面对两道工序的加工作业的调度中, 给出了合理的 CNC 机器位置安放及数目配比方案, 为实际生产提供了参考意见;

(4) 考虑 CNC 加工过程中会有故障随机发生, 以及实际情况, 本文检验了调度的模型稳定性, 并对调度模型应对故障扰动的算法进行了改进, 使其更趋向一般情况下的动态调度模型.

6.2　缺陷

(1) 本文中未能考虑复杂路径对 RGV 工作的影响, 和实际情况可能有所出入.

(2) 本文在应对有故障随机产生时, 由于故障的随机性, 以及较大的计算量, 未能成功地规划故障扰动的再调度模型.

6.3　改进

针对第三种情况, 本模型只研究了一种相对较好的 CNC 分配方式和初始路径条件下, 分别对三组参数求解，没有遍历所有的搭配情况. 而由前两种情况的求解过程可知，CNC 分配方式和初始路径对于加工出的成品数量存在一定影响，因此本模型所求得的结果未必是最优解，即调度策略不一定能加工出最多的成品. 理想情况是遍历所有搭配情况，确定出最好的 CNC 分配方式和初始路径.

由于故障发生的不确定性，因此一种调度策略难以完美适应所有情况，调度策略的实时更新十分重要，所以更好的模型应该设立调度策略的更新机制，当故障发生时，及时调整调度策略.

参考文献

[1] 陈统坚，彭永红. 智能加工控制系统：目标、特征与途径[C]. 中国自动化学会智能自动化专业委员会. 1995 年中国智能自动化学术会议暨智能自动化专业委员会成立大会论文集(上册). 中国天津，1995：21-25.

[2] 潘全科，朱剑英. 作业车间动态调度研究[J]. 南京航空航天大学学报，2005，37(2)：262-268.

[3] 汪双喜，等. 不同再调度周期下的柔性作业车间动态调度[J]. 机器集成制造系统，2014，20(10)：27470-2478.

附录(略)

5.5　写作范例二：重物落水后运动过程的动力学分析

重物落水后运动过程的动力学分析
(2010 年全国研究生数学建模竞赛一等奖，江西理工大学游森勇、刘源、吴谭)

摘　要

当发生溃坝溃堤时，很难在短时间内将溃口彻底封堵，通过投放重物可对尚存的坝体产生一定的保护作用，可以延缓溃坝过程，为人民群众的撤离争取更多的时间. 本文建立了模型用于计算溃坝封堵时重物的抛投方式，以使重物达到溃坝口，减少无效投放.

本文采用动力学的方法，对物块在流场中的运动进行了受力分析，主要考虑了重力、浮力、拖曳力、上举力对物体速度和加速度的影响，其中摩擦力、附加阻力和其他流场力都修正在拖曳力和上举力的阻力系数中. 通过动力学微分方程和边界条件分别得到物体静止进入水中和运动进入水中的物体运动轨迹方程. 根据小型试验的四组数据，拟合了各种形状参数下的轨迹方程系数. 对于复杂形状，通过工程中常用的体积等效和截面等效的方法获得当量直径，将物块等效为球形，并且引入了空心率的概念用于表征物块形状参数对流场中受力的影响. 拟合试验数据得到了决定轨迹方程系数的拖曳力系数 C_D 和 C_L 与空心率 η 的关系. 用当量直径和空心率将复杂形状物块简化成球体，使计算方便，从而可以推广到各种形状的块石和沙包中.

本文所述动力学模型与小型试验结果吻合效果比较好，拟合相关系数接近于 1. 当实际溃坝流场进行重力相似准则转化后，可以通过本模型进行抛投物块的运动轨迹预测，使封堵用的重物落水后能够沉底到并保持在预想的位置，尽可能减少无效投放，具有准确、经费省、风险小、时间短、易重复、条件可以改变等优点.

对于溃口封堵的真实流场，可以采用重力相似准则转化为模型适用的小型流场情况，通过相似的缩尺比例得到投放重物的水平距离. 利用模型计算，得知对于洪水流速分别为 $v_p = 4\text{m/s}$ 和 $v_p = 5\text{m/s}$，水深分别为 3m 和 4m 时，在离水面 2m 投放重达 1t 的重物进行溃口封堵时，应该分别提前 0.93086m 和 2.1534m 投放重物.

关键词 封堵溃口；动力学模型；阻力系数；空心率；小型试验；相似定律

1. 问题的提出

我国经常发生洪水，溃坝溃堤进而引发泥石流灾害造成国家和人民生命财产的严重损失. 溃口水流的流量和速度会比较大，通常情况下很难在短时间之内将溃口彻底封堵，通过投放重物可对尚存的坝体产生一定的保护作用，目前常利用直升飞机投放堵口组件，封住溃坝缺口. 但是投入溃口的重物落水后受到溃口水流的作用会向下游漂移. 为了使封堵用的重物落水后能够沉底到并保持在预想的位置，尽可能减少无效投放，必须掌握重物落水后的运动过程，在预定沉底位置的上游一定距离投放达到一定体积和质量的重物.

理论分析和小型试验获取相关数据的方法广泛用于研究溃口封堵中，在此基础上，根据水力学已经有的方法进行推广，在获得成功并掌握重物在水中运动的规律后才能够最终应用于实际抢险行动. 因此，理论分析并建立数学模型研究不同形状重物在溃坝洪水中的运动规律具有经费省、时间短、易重复、易推广的优点，具有重大的实际价值. 本文将针对几种重物形状、四种不同速度的稳定水流、在三种不同的高度多次重复进行的小型试验进行数学建模分析，分析重物在水中的运动规律.

2. 模型的假设及主要变量符号说明

2.1 模型的假设

(1) 水流流场等效于无界的均匀剪切流场，重物落水后，不影响流场的整体特性.

(2) 理想无黏性流体理论适用于小型试验分析.

(3) 作用于重物上的水流速度，用垂线平均流速代替.

(4) 真实溃坝流场与模型水槽的均匀流场满足运动相似.

2.2 符号说明

F_D ——水流流速方向拖曳力.

f_D ——水深方向上举力.

P ——有效重力.

A_h ——水平截面等效面积.

A_P ——竖直方向截面等效面积.

u_0 ——流场垂线平均流速.

u ——物体的水流方向速度.

ω ——物体水深方向下沉速度.

η——空心率.

δ——边界层厚度.

ρ——水的密度.

ρ_g——物体的密度.

u_c——重物入水时的水平方向初速度.

ω_0——重物入水时的垂直方向初速度.

3. 模型的建立

出现漂移,根据流体力学知识,水流拖曳力的影响因素主要有:流体的流速 u_0. 流体的密度,流体的动力黏滞系数 μ,边界层厚度 δ,水深 H,物体所处深度 h,物体几何尺寸(包括宽度 a、高度 b、顺水流方向上长度 L)等. 对于空心的物体还得考虑空心率 η,对于有一定角度倾斜的物体,还得考虑倾斜角 θ. 由流体动力学的知识可以得到,物体在水流中的受力包括三类[1,2].

(1)第一类是与流体与块体的相对运动无关的力,有惯性力、重力和压差力等.

(2)第二类是依赖于流体与物体间相对运动的力,其方向沿着相对运动方向,有拖曳力、附加质量力、Basset 力、摩擦力等.

(3)第三类是依赖于流体与物体间相对运动的力,其方向垂直于相对运动方向,有上举力、Magnus 力和 Saffman 力等.

对于本文的试验和真实溃坝堵截时的流场特性,溃坝时雷诺数 Re 比较大,暂不考虑 Basset 力、Magnus 力和 Saffman 力的影响,在不考虑稳定性的情况下,忽略造成物体翻转的摩擦力影响,主要考虑压差力(浮力)、重力和水流方向拖曳力 F_D,水深方向上的上举力 f_D 的影响,物体在水中的受力图见图1.

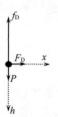

图 1 中物体在水中所受有效重力为 P(指有效重力,重力和浮力的合力),水深方向上举力为 f_D,水流方向拖曳力为 F_D. 根据流体力学,块体在黏性流体中运动或者流体绕过静止块体时,块体表面将产生表面力 $\overline{F}$. 一般来说,作用在单位表面积上的微分力 $d\overline{F}$ 可分解为垂直和平行于该单元表面的压应力和切应力. 合力 $\overline{F}$

图 1　物体质心受力图　也可以分解成平行和垂直于运动方向上的分力,平行于运动方向上的力为拖曳力 F_D,垂直于运动方向上的分力为上举力 f_D,也就是说拖曳力和上举力本质上是切应力和压应力的影响. 在研究空心块体的实验中块体垂直水流方向,也就是说拖曳力是由前后两面的压强阻力与四周的摩擦阻力构成的,即

$$F_D = F_P + F_f = -\int_{A_1} p\cos\theta \mathrm{d}A + \int_{A_2} \tau_0 \sin\theta \mathrm{d}A ,$$

式中,A_1 包括块体前后面积,A_2 包括块体四周侧面积,θ 对 A_2 值为90°,对 A_1 迎水流面为180°,背水流面为0°.

F_D 为上述各种因素的函数,工程上一般根据量纲分析的方法结合实际试验值予以给出:

$$F_D = f(U, \rho, \mu, \delta, H, h, L, a, b, \theta, \eta). \tag{1}$$

根据 Evett 等人总结有计算公式[3,4]

$$F_D = \frac{1}{2}\rho C_D A_P (u_0 - u)^2 , \tag{2}$$

而上举力

$$f_D = \frac{1}{2}\rho A_h C_L \omega^2 . \tag{3}$$

对于球形物体

$$F_D = \frac{1}{8}\pi\rho C_D d^2 (u_0 - u)^2 , \tag{4}$$

$$f_D = \frac{1}{8}\pi\rho C_L d^2 w^2 . \tag{5}$$

有效重力

$$P = mg - \rho g V , \text{ 其中 } m = \rho_g V . \tag{6}$$

上述公式中，C_D 为流动方向阻力系数，即拖曳力系数；C_L 为下沉方向阻力系数，即上举力系数；m 为物体的质量；g 为重力加速度；ρ 为水的密度；ρ_g 为物体的密度；u_0 为作用于物体处流场的水流速度；u 为物体的水流方向速度；w 为物体水深方向下沉速度；A_h 为水平截面等效面积；A_p 为竖直方向截面等效面积；V 为物体的体积.

根据动力学原理，对物体列出力的平衡关系式有

x 方向：

$$F_D = m\frac{du}{dt} . \tag{7}$$

h 方向：

$$P - f_D = m\frac{d\omega}{dt} . \tag{8}$$

将 F_D、f_D、P、m 的表达式(1)~式(6)代入式(7)、式(8)，有

$$\begin{cases} \dfrac{du}{dt} = \dfrac{\rho A_P C_D}{2\rho_g V} u_0 - u)^2 , \\ \dfrac{d\omega}{dt} = \dfrac{\rho_g - \rho}{\rho_g} - \dfrac{\rho A_h C_L \omega^2}{2\rho_g V} = \dfrac{\rho A_h C_L}{2\rho_g V}\left(\dfrac{2(\rho_g - \rho)gV}{\rho A_h C_L} - \omega^2\right) . \end{cases} \tag{9}$$

令 $\alpha_1 = \dfrac{\rho A_P C_D}{2\rho_g V}$ 的量纲为 m^{-1}，$\alpha_2^2 = \dfrac{2(\rho_g - \rho)gV}{\rho A_h C_L}$ 的量纲为 m/s，$\alpha_3 = \dfrac{\rho A_h C_L}{2\rho_g V}$ 的量纲为 m^{-1}，则有方程

$$\begin{cases} \dfrac{du}{dt} = \alpha_1 (u_0 - u)^2 , \\ \dfrac{d\omega}{dt} = \alpha_3 (\alpha_2^2 - \omega^2) . \end{cases} \tag{10}$$

对时间 t 积分，得

$$\begin{cases} \dfrac{1}{u_0 - u} = \alpha_1 t + \beta_1 , \\ \dfrac{1}{2\alpha_2}\ln\dfrac{\alpha_2 + \omega}{\alpha_2 - \omega} + \beta_2 = \alpha_3 t . \end{cases} \tag{11}$$

为了求解该微分方程，必须先确定边界条件，边界条件按照重物落水的初始状态来考虑. 现在将考虑物体落水的状态分为两类.

3.1 当物体从运动状态中落水

考虑运动状态入水时的边界条件，当 $t = 0$ 时，$u = u_c$、$\omega = \omega_0$，u_c 为重物入水时的水平方向初速度，ω_0 为重物入水时的垂直方向初速度，由式(11)有

$$\beta_1 = \frac{1}{u_0 - u_c}, \quad \beta_2 = -\frac{1}{2\alpha_2}\ln\frac{\alpha_2 + \omega_0}{\alpha_2 - \omega_0}.$$

将 β_1、β_2 代入式(11)有

$$u = \frac{\alpha_1(u_0 - u_c)u_0 t + u_c}{\alpha_1(u_0 - u_c)t + 1},$$

$$\omega = \alpha_2\frac{\alpha_2\text{th}(\alpha_2\alpha_3 t) + \omega_0\text{ch}(\alpha_2\alpha_3 t)}{\alpha_2\text{ch}(\alpha_2\alpha_3 t) + \omega_0\text{sh}(\alpha_2\alpha_3 t)}. \tag{12}$$

其中

$$\text{ch}x = \frac{e^x + e^{-x}}{2}, \quad \text{sh}x = \frac{e^x - e^{-x}}{2}, \quad \text{th}x = \frac{\text{sh}x}{\text{ch}x}, \quad \text{cth}x = \frac{1}{\text{th}x}.$$

令 $\dfrac{\alpha_2}{\omega_0} = \text{th}\varphi = \dfrac{\text{sh}\varphi}{\text{ch}\varphi}$，则式(12)可以简化为

$$\omega = \frac{\alpha_2}{\text{th}(\alpha_2\alpha_3 t + \varphi)}. \tag{13}$$

将式(14)对时间 t 进行积分，且当 $t=0$ 时，有 $x = 0$，$h = 0$，即

$$\begin{cases} \dfrac{\mathrm{d}x}{\mathrm{d}t} = \dfrac{\alpha_1(u_0 - u_c)u_0 t + u_c}{\alpha_1(u_0 - u_c)t + 1}, \\[3mm] \dfrac{\mathrm{d}h}{\mathrm{d}t} = \dfrac{\alpha_2}{\text{th}(\alpha_2\alpha_3 t + \varphi)}. \end{cases} \tag{14}$$

可得方程组 I：

$$\begin{cases} x = u_0 t - \dfrac{1}{\alpha_1}\ln(\alpha_1(u_0 - u_c)t + 1), \\[3mm] h = \dfrac{1}{\alpha_3}\ln\left[\dfrac{\text{sh}(\alpha_2\alpha_3 t + \varphi)}{\text{sh}\varphi}\right]. \end{cases} \tag{15}$$

同时，消去方程组 I 中的时间 t，可以得到运动状态下入水时物体运动的轨迹为

$$x = u_0\frac{\left(\ln\dfrac{-q + \sqrt{q^2 + 4}}{2} - \varphi\right)}{\alpha_2\alpha_3} - \frac{1}{\alpha_1}\ln\left[\alpha_1(u_0 - u_c)\frac{\left(\ln\dfrac{-q + \sqrt{q^2 + 4}}{2} - \varphi\right)}{\alpha_2\alpha_3} + 1\right], \tag{16}$$

其中

$$q = e^{\alpha_3 h}(e^{-\varphi} - e^{\varphi}), \quad \frac{\alpha_2}{\omega_0} = \text{th}\varphi = \frac{\text{sh}\varphi}{\text{ch}\varphi}, \quad \alpha_2\alpha_3 = \frac{\rho_g - \rho}{2\rho_g}g.$$

从而得到如上所述的 $x - h$ 关系式，不同形状的物体，其系数 α_1、α_3 会发生变化，可以通过试验数据分析确定出方程的系数.

3.2　当物体从水面以静止状态落水

考虑静止状态入水时的边界条件，当 $t=0$ 时，$u=0$，$\omega=0$，由式(11)有 $\beta_1=\dfrac{1}{u_0}$，$\beta_2=0$，再代入式(11)，并根据 $\mathrm{sh}x=\dfrac{\mathrm{e}^x-\mathrm{e}^{-x}}{2}$，$\mathrm{ch}x=\dfrac{\mathrm{e}^x+\mathrm{e}^{-x}}{2}$ 作等式变换，有

$$u=\frac{\alpha_1 u_0{}^2 t}{\alpha_1 u_0 t+1},$$
$$\omega=\alpha_2\mathrm{th}(\alpha_2\alpha_3 t). \tag{17}$$

即
$$\begin{cases}\dfrac{\mathrm{d}x}{\mathrm{d}t}=\alpha_1 u_0 t\Big/\Big(\alpha_1 t+\dfrac{1}{u_0}\Big), \\[3mm] \dfrac{\mathrm{d}h}{\mathrm{d}t}=\alpha_2\mathrm{th}(\alpha_2\alpha_3 t).\end{cases} \tag{18}$$

将式(18)进行积分，且当 $t=0$ 时，有 $x=0$，$h=0$，可得方程组 Ⅱ

$$\begin{cases}x=u_0 t-\dfrac{1}{\alpha_1}\ln(\alpha_1 u_0 t+1), \\[3mm] h=\dfrac{1}{\alpha_3}\ln[\mathrm{ch}(\alpha_2\alpha_3 t)].\end{cases} \tag{19}$$

同时，消去式(18)中的时间 t，可以得到运动状态下入水时物体运动的轨迹为

$$x=u_0\frac{\ln\dfrac{q+\sqrt{q^2-4}}{2}}{\alpha_2\alpha_3}-\frac{1}{\alpha_1}\ln\left(\alpha_1 u_0\frac{\ln\dfrac{q+\sqrt{q^2-4}}{2}}{\alpha_2\alpha_3}+1\right),$$

式中

$$\alpha_2^2\alpha_3=\frac{\rho_\mathrm{g}-\rho}{2\rho_\mathrm{g}}g,\quad q=2\mathrm{e}^{h\alpha_3}.$$

从而，得到如上所述的 x-h 关系式，不同形状的物体，其系数 α_1、α^3 会发生变化，可以通过试验数据分析确定出方程的系数.

综上所述，重物在不同边界条件下进入流场的运动轨迹可以通过上述方程组 Ⅰ、方程组 Ⅱ 进行计算. 对于各种形状的重物，为确定其运动轨迹，需要根据试验和理论确定方程的两个系数 α_1、α_3，即确定各种形状重物在水中的拖曳力系数 C_D 和上举力系数 C_L.

4. 模型的求解

4.1　实心方砖的落水轨迹

实心方砖的几何尺寸见图 2.

对于大的实心方砖，其几何参数包括高度 $a=80\mathrm{cm}$，厚度 $b=40\mathrm{cm}$，顺水流方向上长度 $L=80\mathrm{cm}$，将 $\rho=1000\mathrm{kg/m^3}$，$\rho_\mathrm{g}=2300\mathrm{kg/m^3}$ 代入，则小实心方砖和大实心方砖的方程参数见表 1.

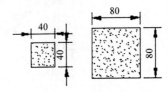

小实心方砖
厚度：20mm

大实心方砖
厚度：40mm

图 2　实心方砖几何尺寸

表 1 实心方砖轨迹方程参数

小实心	平放	立放	竖放	大实心	平放	立放	竖放
α_1	$0.272C_D$	$0.272C_D$	$0.217C_D$	α_1	$0.272C_D$	$0.272C_D$	$0.217C_D$
α_3	$0.217C_L$	$0.272C_L$	$0.272C_L$	α_3	$0.217C_L$	$0.272C_L$	$0.272C_L$
ξ	2	0.5	1	ξ	2	0.5	1

根据流体力学的研究基础，Evett 等人引用 Raymond C. Binder(1973)的数据资料，认为块体在流体冲击下，拖曳力系数与顺流方向宽高比 ξ 有一定的关系，并且给出块体形状雷诺数 $Re>1000$ 时的拖曳力系数随宽高比两者呈正比，且 $\xi = 1.0$ 时，$C_D = 1.05$；$\xi \to \infty$ 时，$C_D = 2.05$，对于实心方块的情况，根据他们的研究成果，当 $\xi = 2.0$ 时，$C_D = 1.33$；当 $\xi = 0.5$ 时，$C_D = 0.89$；当 $\xi = 1.0$ 时，$C_D = 1.05$. 而对于实心方砖，$C_L = 0.63$.

将 Evett 等人总结的系数代入前述模型所推导的运动轨迹方程，可以得到实心砖的运动轨迹. 利用 Origin 软件的自定义非线性函数拟合功能，用 C 语言编译了函数程序，将其和试验点值绘制在同一图上，可以发现，两者趋势一致，吻合效果不错. 图 3、图 4 分别绘制了实心方砖静止下落和从 5cm 下落到水中的轨迹. 其他的轨迹分析见附件.

4.2 其他形状重物的落水轨迹

对于其他形状的物体，关键在于根据其几何结构来分析其上举力 f_D 和拖曳力 F_D 的大小，也就是要构建形状结构与上举力系数 C_L、拖曳力系数 C_D 的关系. 对球体或接近于球体的泥沙、卵石等只需一个几何尺度便可确定物体的大小. 对偏离球体的块体而言，其形状影响着压强力和摩擦力的大小，也影响着水流拖曳力的变化. 而对于空心块体而言流场就更加复杂，于是，本文提出一种利用空心率计算拖曳力的方法.

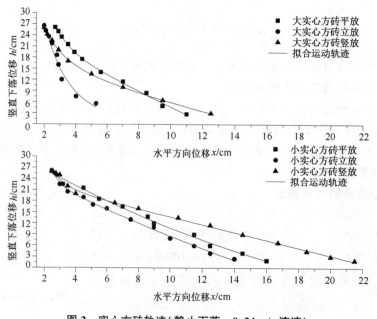

图 3 实心方砖轨迹(静止下落，0.34m/s 流速)

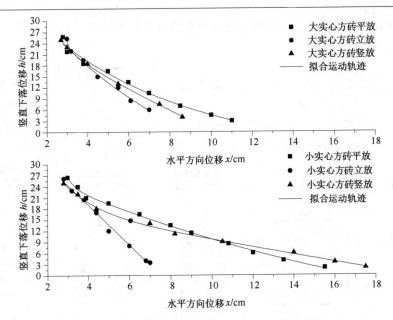

图 4　实心方砖轨迹(5cm 下落，0.34m/s 流速)

4.2.1　空心率概念的提出

空心率 η 不仅仅存在于有真正中空结构的物体，它更是一个形状参数，用于描述物体的形状，故又可以有内空心率、外空心率的概念. 定义如下：空心的体积与空心块体的总体积比，或空心块体单位体积内空心的体积，以百分数表示，分别用符号 η、$\eta_内$、$\eta_外$ 表示空心率、内空心率、外空心率，则其表达式为

$$\eta = \frac{V_V}{V}, \quad \eta_内 = \frac{V_{V内}}{V}, \quad \eta_外 = \frac{V_{V外}}{V},$$

式中，V_V 表示空心的体积，V 表示总体积，$V_{V内}$ 表示具有内空心的块体的空心体积，$V_{V外}$ 表示具有外空心的块体的空心体积.

试验块体的形状如图 5 所示.

对于不同的试验体结构，它们的空心率是不同的，对应的空心率计算结果见表 2.

4.2.2　空心率对拖曳力系数的影响分析

通过试验结果和文献中的资料[5,6]可以定性地分析出空心块体拖曳力大小的一些规律.

(1) 空心率的大小对拖曳力有较大影响，相同流速条件下，块体的空心率越大，受到的拖曳力就越小. 当空心率 $\eta = 0$ 时即实心块体，受到的拖曳力最大.

(2) 不同流速条件下，具有相同空心率的空心块受力也有所不同. 流速越大，具有相同空心率的空心块受到的拖曳力就越大.

(3) 内空心率与外空心率相同时，即 $\eta_内 = \eta_外$ 时，所受到的拖曳力的大小并不相等，具有内空心的块体受到的拖曳力比外空心的大.

显然，上举力系数 C_L 和拖曳力系数 C_D 与空心率 η 之间肯定存在一定的函数关系 $C_D = \lambda_1(\eta)$，$C_L = \lambda_2(\eta)$，通过该函数将阻力系数与形状参数的关系表示出来. 根据实验数据，我们可以拟合出块体在水中的运动轨迹，得到运动轨迹方程的系数 α_1、α_3，进一步可以得到上举力系数 C_L 和拖曳力系数 C_D，从而可以建立起空心率与阻力系数的对应关系. 部分文献中对这方面做了很多工作，他们的一些结论我们可以引用过来.

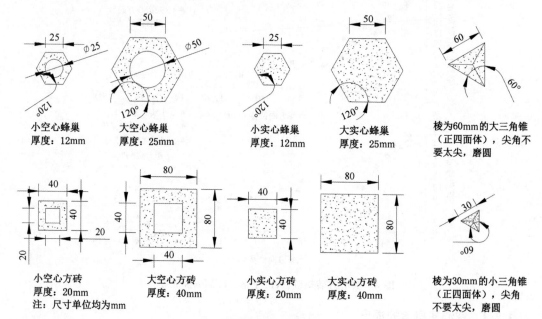

小空心蜂巢　　大空心蜂巢　　　小实心蜂巢　　大实心蜂巢　　棱为60mm的大三角锥
厚度：12mm　　厚度：25mm　　　厚度：12mm　　厚度：25mm　　（正四面体），尖角不
　　　　　　　　　　　　　　　　　　　　　　　　　　　　　　　要太尖，磨圆

小空心方砖　　大空心方砖　　　小实心方砖　　大实心方砖　　棱为30mm的小三角锥
厚度：20mm　　厚度：40mm　　　厚度：20mm　　厚度：40mm　　（正四面体），尖角
注：尺寸单位均为mm　　　　　　　　　　　　　　　　　　　　　不要太尖，磨圆

图 5　试验块体的形状

为了探索空心结构入水时的体积形状和截面形状，采用化工原理中常用的当量法来等效，设空心块体的当量体积为 V，其体积当量直径为 d_V，截面当量直径为 d_P 和 d_h，则当量直径 d_V、d_P 和 d_h 可计算如下.

等体积等效：$V = \pi d_V{}^3/6$. 等面积等效：$A_P = \pi d_P{}^2/4$，$A_L = \pi d_L{}^2/4$.

则有 $d_V = (6V/\pi)^{\frac{1}{3}}$，$d_P = \sqrt{4A_P/\pi}$，$d_L = \sqrt{4A_L/\pi}$，块体上的拖曳力可表达为

$$F_D = \frac{1}{2}\rho C_D A_P (u_0 - u)^2 = \frac{1}{8}\pi\rho C_D d_P^2 (u_0 - u)^2.$$

块体上的上举力可表达为 $f_D = \frac{1}{8}\pi\rho C_L d_h{}^2 w^2$，显然计算 f_D 和 F_D 的截面等效直径随平放、竖放、立放的情况变化是不一样的.

4.2.3　空心块体运动轨迹分析

为验证上述模型，考虑空心块体的运动轨迹和试验数据. 对于试验用空心块体，其空心率 η 和体积当量直径 d_V 见表2.

表2　空心块空心率和体积当量直径

	小空心巢	大空心巢	小实心巢	大实心巢	小空心块	大空心块	小三角	大三角
η	0.4767	0.4767	0.25	0.25	0.25	0.25	0.8917	0.8917
d_V	37.25	74.50	37.25	74.50	39.38	78.78	24.12	48.24

对于不同放置方式，其截面等效直径不一样，直接影响了受力面积，试验用空心块体的截面当量直径见表3，其中空心蜂巢和实心蜂巢的当量直径是一样的.

表 3　试验空心块体截面等效直径

	大蜂巢	小蜂巢	大空心砖	小空心砖	大三角	小三角
平放	$d_P = 105.0075$ $d_h = 52.5038$	$d_P = 52.5038$ $d_h = 25.7215$	$d_P = 90.2703$ $d_h = 63.8308$	$d_P = 45.1352$ $d_h = 31.9154$	$d_P = 65.7383$ $d_h = 65.7383$	$d_P = 32.8691$ $d_h = 32.8691$
立放	$d_P = 79.7885$ $d_h = 105.0075$	$d_P = 27.6395$ $d_h = 52.5038$	$d_P = 63.8308$ $d_h = 90.2703$	$d_P = 31.9154$ $d_h = 45.1352$	$d_P = 65.7383$ $d_h = 65.7383$	$d_P = 32.8691$ $d_h = 32.8691$
竖放	$d_P = 79.7885$ $d_h = 52.5038$	$d_P = 27.6395$ $d_h = 25.7215$	$d_P = 63.8308$ $d_h = 63.8308$	$d_P = 31.9154$ $d_h = 31.9154$	$d_P = 65.7383$ $d_h = 65.7383$	$d_P = 32.8691$ $d_h = 32.8691$

本文将小型试验获得的 12 组数据，对运动轨迹按照运动轨迹方程 I 或 II 进行拟合分析，空心块体都等效为球体，而平放、立放、竖放影响的是可以得到各自试验状态下的系数 α_1、α_3 即 C_D、C_L 的拟合值，取其平均值，其结果见表 4.

表 4　拖曳力系数和上举力系数拟合结果

	$\eta = 0.25$		$\eta = 0.4767$		$\eta = 0.8917$	
	C_D	C_L	C_D	C_L	C_D	C_L
0.34m/s	1.4923	0.7532	1.7628	0.8024	2.0453	0.9567
0.40m/s	1.5612	0.8217	1.7354	0.8145	1.9876	0.8456
0.47m/s	1.5061	0.7823	1.9521	0.7564	2.3473	1.0503
0.55m/s	1.5876	0.8014	1.9674	0.8521	2.3878	1.0245

根据表 4，可以初步得出不同速度下 $C_D = \lambda_1(\eta)$，$C_L = \lambda_2(\eta)$ 的关系式，如图 6 所示。例如，用二次多项式来进行拟合，可以得到流速为 0.34m/s 时的阻力系数与空心率函数为

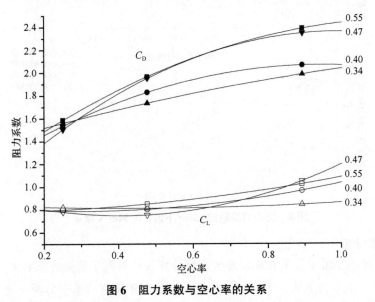

图 6　阻力系数与空心率的关系

$$C_D = \lambda_1(\eta) = 2.1052\eta^2 - 1.1202\eta + 1.0805$$

$$C_L = \lambda_2(\eta) = 0.49283\eta^2 - 0.28668\eta + 0.83107$$

　　用该方法分析了静止下落和重心离水面 5cm 下落两种情况的空心方砖运动轨迹，并和试验点画在一张图上，见图 7 和图 8，模型结果和试验结果还是比较吻合的.

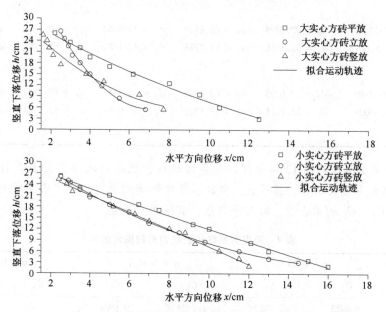

图7　空心方块轨迹(静止下落，0.34m/s 流速)

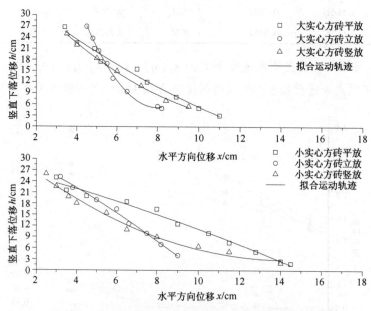

图8　空心方块轨迹(5cm 下落，0.34m/s 流速)

4.3　结果分析

　　上述模型建立了用空心率来表征形状参数的方法，得到了拖曳力系数 C_D 和上举力系数 C_L 关于空心率的拟合关系式，可以根据该关系，确定不同空心率下的两个阻力系数，进而

　　根据运动方程，获得运动轨迹. 将该运动轨迹与试验点同时画在图上，可以很清晰地看到模型的结果与试验吻合度.

　　这里以三角形物体落水的情况为例进行分析. 考虑静止落入流速为 0.34m/s 水中、5cm 落入流速为 0.47m/s 水中两种试验情况，其结果分别见图9(a)、(b)，其拟合误差分析见表 5.

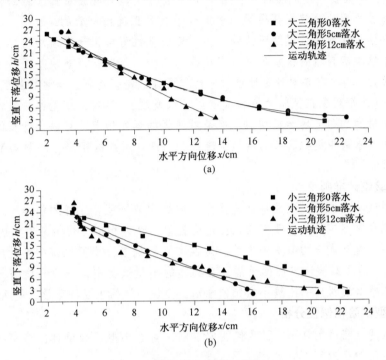

图 9　三角形在水中的运动轨迹

表 5　三角形 0.34m/s 运动轨迹误差

	流速为 0.34m/s					
	大三角形			小三角形		
下落方式	0	5cm	12cm	0	5cm	12cm
方差	3.8962	4.8272	9.2920	7.2394	11.7905	46.1909
相关系数	0.9875	0.9834	0.9665	0.9898	0.9625	0.9311

　　从表 5 中可以发现运动轨迹与试验点的相关性很好，而且方差在可以接受的范围之内，可以认为模型对运动轨迹的描述是有效的.

　　对于其他试验条件下的试验数据，其运动轨迹图见附件，附件给出了流速为 0.34m/s，0.40m/s，0.47m/s，0.55m/s 四组试验下不同形状、不同下落方式的运动轨迹图，涵盖了所有试验数据点.

5. 模型应用推广

　　通过本文的动力学分析模型，可以掌握重物落水后的运动过程. 在预定沉底位置的上游一定距离投放达到一定体积、形状参数和质量的重物，重物会按照运动轨迹到达溃坝的位置. 但是模型的建立是基于不考虑稳定性的基础上，且其依据的试验结果也是根据均匀流场里的抛物试验，实际上封堵溃坝的真实情况比这个复杂很多. 溃口的纵、横断面千差万别，而且都不是规则的矩形、梯形或 V 字形；溃口的底面也都不是水平或具有稳定斜率的平面，粗糙度各异；溃口各部分的流速分布肯定也是不均匀的；更值得注意的是，溃口形状和大小一般是不断变化的，流速、流量也随着水位和溃口形状的变化而变化．由于往往是就地取材，封堵用重物的形状、大小千变万化；质量、体积、面积各不相同，不可能一模一样．因此，模型要运用到实际中，首先需要进行模型对投放位置预测的验证试验，用以验证模型通过小型试验数据获得的一些拟合系数是正确而有效的．因此，可以根据重力相似定律，设计几次固定位置触底试验，在水槽底部做好标记代表溃坝缺口，根据模型计算所得到的能够准确封堵的抛物距离，实施抛物试验，用以验证物块是否会按预期到达预先标记好的位置．其次需要对稳定性进行分析和设计试验，特别是当重物触底后还会翻转，离开预定位置(这个现象在试验录像和截图里可以发现)．再次，模型试验假设了真实溃坝流场与模型水槽的均匀流场运动相似，但是对溃坝的真实情况，可以设计新的小型试验进行模拟，在玻璃水槽中模拟真实的溃坝水流情况，设计规则的矩形、梯形或 V 字形溃坝缺口进行小型试验．

5.1 试验设计准则

实际小型试验的设计，应该符合流体力学中的相似原理，这样才能推广到实际溃坝封堵中，即模型和原型应满足：几何相似，运动相似，动力相似，初始条件和边界条件相似．试验设计时要求流动完全相似是困难的，定性准则数越多，小型试验的设计越困难，甚至根本无法进行．为了解决这方面的矛盾，在实际的小型试验中，一般只能满足某个或某些相似准则，忽略对过程影响比较小的相似准则，抓住问题的主要物理量，使问题得到简化．

5.2 模型试验相似性分析

流场相似的判断准则如下[7]．几何相似准则，对于小型试验设计，将实际溃坝流场的特征尺寸按比例缩小就可以满足．

$$\frac{L_{\mathrm{p}}}{L_{\mathrm{m}}} = L_{\mathrm{r}}, \quad \frac{A_{\mathrm{p}}}{A_{\mathrm{m}}} = L_{\mathrm{r}}^2, \quad \frac{V_{\mathrm{p}}}{V_{\mathrm{m}}} = L_{\mathrm{r}}^3.$$

对于溃坝的实际流场，其特征尺寸有水深和溃口形状参数如溃口宽度等．

(1)运动相似准则，要求试验流场和实际溃坝流场中，对应瞬时和对应空间点处流体质点的速度方向相同而大小成一定比例，即水流质点运动的流线相似．对于溃坝流场模拟，要做到完全运动相似是很难通过试验实现的，在模型的小型试验中，采取了特征速度(绕流物体远端的来流速度)成比例的相似办法．在以后的试验设计中，需要改进流场的运动相似性，获得更好的试验模拟效果，且 $\frac{v_{\mathrm{p}}}{v_{\mathrm{m}}} = v_{\mathrm{r}}$．

(2)动力相似，动力相似要求 5 个表征数相等．弗劳德数 Fr，表示质点上惯性力与重力之比；雷诺数 Re 表示惯性力和黏性力之比；马赫数 Ma 表示惯性力与弹性力之比；欧拉数 Eu 表示压力与惯性力之比；韦伯数 We 表示惯性力与表面张力之比．若流场中同时有重力、压力、弹性力、摩擦力、表面张力、惯性力作用于质点上，则要求上述 5 个参数全部分别相等，两个流场才满足动力相似．实际工程中，可以根据情况考虑惯性力和某几种重要作用力满足特别相似定律，并不一定要求完全动力相似．Fr 主要考虑重力对流场的影响，是溃坝流场的主要影响因素；Re 考虑不可压缩流体中物体受内部摩擦力影响下的运动，对于有黏流体在管道或者槽内的流动需要考虑；Eu 考虑压力对流场的影响，对于溃坝试验，没有外界施加压力，不予考虑；Ma 考虑弹性力的影响，对于不可压缩流体不需要考虑，很少用于水流场中；We 考虑表面张力，在流体表面研究和毛细管流动中影响大，对于水工试验，很少考虑. 因此，对于溃坝流场的相似性设计，需要重点考虑的是重力相似准则，有时需要对黏滞力相似准则进行修正. 相关准则的判定标准有：

弗劳德数比例 $(Fr)_r = \dfrac{v_r}{\sqrt{g_r L_r}}$，同一个重力参照系 $g_r = 1$，若两个流场 $(Fr)_r = 1$，满足重力相似准则.

雷诺数比例 $(Re)_r = \dfrac{v_r L_r}{\mu_r}$，对于同一种流体 $\mu_r = 1$，若 $(Re)_r = 1$，满足黏滞力相似. 即模型尺寸缩小后，必须增大流速才能满足雷诺相似. 具有自由液面而流速低的层流，因受黏滞力影响大，需要满足该准则 $(Re)_r = 1$，但是，经比较，发现一般水工试验可以忽略此影响.

因此，小型模型试验在满足几何相似和运动相似的基础上，应该首先满足重力相似准则 $(Fr)_r = 1$.

溃坝时，水的流动主要依靠于重力，溃坝原型中的洪水流速分别为 $v_p = 4\mathrm{m/s}$ 和 $v_p = 5\mathrm{m/s}$，水深分别为 3m 和 4m 时，我们模型试验的相似性判定如表 6 所示.

表 6　模型试验与溃坝情况相似性分析

	$v_p = 4\mathrm{m/s}$, $L_p = 3\mathrm{m}$				$v_p = 5\mathrm{m/s}$, $L_p = 4\mathrm{m}$			
v_m	0.34m/s	0.40m/s	0.47m/s	0.55m/s	0.34m/s	0.40m/s	0.47m/s	0.55m/s
L_r	10.9	10.9	10.9	10.9	14.55	14.55	14.55	14.55
v_r	11.765	10	8.51	7.27	14.7	12.5	10.6	9.1
$(Fr)_r$	3.56	3.03	2.58	2.2	3.85	3.28	2.78	2.39
$(Re)_r$	128.2385	109	92.759	79.243	213.885	181.875	154.23	132.405

可以发现，对洪水流速 $v_p = 4\mathrm{m/s}$，水深 $L_p = 3\mathrm{m}$ 的真实流场，模型试验所采用的四组流速 v_m 都偏小，最理想的模型试验流速是 $v_m = 1.21\mathrm{m/s}$；对洪水流速 $v_p = 5\mathrm{m/s}$，水深 $L_p = 4\mathrm{m}$ 的真实流场，模型试验所采用的流速 v_m 也偏小，最理想的模型试验流速是 $v_m = 1.31\mathrm{m/s}$. 如果将本文所提及的小型模型试验运用于上述两种实际溃坝截堵模拟中，所采用的模型试验流速偏小，只能说是近似满足重力相似准则. 但是，对于不同速度和深度的洪水，需要按照重力相似进行小型试验的设计，而本文的小型试验和真实洪水流场基本满足重力相似定律.

本文重物运动轨迹的计算模型基于所设计的多组小型试验结果，模型给出了阻力系数与空心率和流场速度的关系. 用模型预测实际物体运动时，可以先按照相似定律给出模型所需要的流场速度，然后根据流场速度和空心率找到合适的阻力系数，从而得到物体的运动轨迹.

5.3　真实溃坝抛物预测分析

将模型推广到洪水流速分别为 $v_p = 4\mathrm{m/s}$ 和 $v_p = 5\mathrm{m/s}$，水深分别为 3m 和 4m，物块重 1.5t，离水面 2m 处抛出的真实情况中，先按照重力相似定律求得模型试验所需的流速，将物块等效成球，按照体积等效求得物块当量直径和缩尺后下落高度，得到求解运动轨迹所需的模型参数，见表 7.

其中，实际当量直径 $d_V = \sqrt[3]{(6V/\pi)} = \sqrt[3]{6m/(\pi \rho_g)} = 1.076\mathrm{m}$.

表7　重力相似后的模型参数

	$v_p=4\text{m/s}$, $L_p=3\text{m}$					$v_p=5\text{m/s}$, $L_p=4\text{m}$				
	当量直径(m)	下落高度(m)	入水速度(m·s⁻¹)	水深(m)	水流速度(m·s⁻¹)	当量直径(m)	下落高度(m)	入水速度(m·s⁻¹)	水深(m)	水流速度(m·s⁻¹)
实际参数	1.076	2	6.26	3	4	1.076	2	6.26	4	5
模型参数	0.1	0.425	1.9	0.275	1.21	0.1	0.37	1.64	0.275	1.31
缩尺	$L_r=10.9$, $v_r=\sqrt{L_r}=3.3$					$L_r=14.55$, $v_r=\sqrt{L_r}=3.815$				

（1）洪水速度 $v_p=4\text{m/s}$，深度 $L_p=3\text{m}$ 时的投放距离.

由表7可以得到，水流速度 $u_0=1.21\text{m/s}$，物块水平初速度 $u_c=0$，垂直初速度 $\omega_0=1.9\text{m/s}$，当量直径 $d=d_V=d_p=d_h=0.1\text{m}$.

并且 $\alpha_1=\dfrac{\rho A_p C_D}{2\rho_g V}=0.326\dfrac{C_D}{d}$，$\alpha_2{}^2=\dfrac{2(\rho_g-\rho)gV}{\rho A_h C_L}=\dfrac{17d}{C_L}$，

$\alpha_3=\dfrac{\rho A_h C_L}{2\rho_g V}=0.326\dfrac{C_L}{d}$，$\dfrac{\alpha_2}{\omega_0}=\text{th}\varphi=\dfrac{\text{sh}\varphi}{\text{ch}\varphi}$，即 $\varphi=\dfrac{1}{2}\ln\dfrac{1+\alpha_2/\omega_0}{1-\alpha_2/\omega_0}$.

从前述模型得到，流速 $u_0=1.21\text{m/s}$，空心率 $\eta=0$ 时，$C_D=1.457$，$C_L=0.695$，代入

运动方程 $\begin{cases} x=u_0t-\dfrac{1}{\alpha_1}\ln(\alpha_1(u_0-u_c)t+1), \\[3mm] h=0.26-\dfrac{1}{\alpha_3}\ln\left[\dfrac{\text{sh}(\alpha_2\alpha_3t+\varphi)}{\text{sh}\varphi}\right], \end{cases}$

可以得到运动轨迹 $\begin{cases} x=1.21t-\dfrac{1}{4.75}\ln(5.75t+1), \\[3mm] h=0.26-\dfrac{1}{2.27}\ln\left[\dfrac{\text{sh}(3.55t+1.16)}{\text{sh}(1.16)}\right], \end{cases}$

其轨迹图见图10.

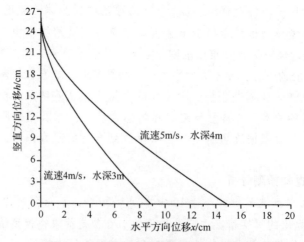

图10　两种洪水情况的模型运动轨迹分析

当竖直方向距离 $h=0$ 时，物体触底，此时可以计算得到水平漂移距离 $X=8.54\text{cm}$，故投放距离为 $X_p=X\cdot L_r=10.9\times8.54=93.086(\text{cm})=0.93086(\text{m})$.

（2）洪水速度 $v_p=5\text{m/s}$，深度 $L_p=4\text{m}$ 时的投放距离.

由表 7 可以得到，水流速度 $u_0=1.31\text{m/s}$，物块水平初速度 $u_c=0$，垂直初速度 $\omega_0=1.64\text{m/s}$，当量直径 $d=d_V=d_p=d_h=0.1\text{m}$. 和（1）同理，从前述模型得到，流速 $u_0=1.31\text{m/s}$，空心率 $\eta=0$ 时，

$C_D=1.845$，$C_L=0.745$，代入运动方程，得到运动轨迹
$$\begin{cases} x=1.31t-\dfrac{1}{4.97}\ln(6.51t+1), \\ h=0.26-\dfrac{1}{2.43}\ln\left[\dfrac{\text{sh}(5.54t+0.91)}{\text{sh}(0.91)}\right], \end{cases}$$

其轨迹图也绘制于图 10 中.

当竖直方向距离 $X=14.8\text{m}$ 时，物体触底，此时可以计算得到水平漂移距离 $X=14.8\text{cm}$，故投放距离为 $X_p=X\cdot L_r=14.55\times14.8=215.34(\text{cm})=2.1534(\text{m})$. 因此，洪水流速分别为 $v_p=4\text{m/s}$ 和 $v_p=5\text{m/s}$，水深分别为 3m 和 4m 时，在离水面 2m 投放重达 1t 的重物时，应该分别提前 0.93086m 和 2.1534m 投掷.

6. 模型总结

本文采用动力学的方法，对物块在流场中的运动进行了受力分析，主要考虑了重力、浮力、拖曳力、上举力对物体速度和加速度的影响，其中摩擦力、附加阻力和其他流场力都修正在拖曳力和上举力的阻力系数中. 通过动力学微分方程和边界条件分别得到物体静止进入水中和运动进入水中的运动轨迹方程. 根据小型试验的四组数据，拟合了各种形状参数下的轨迹方程系数. 对于复杂形状，通过工程中常用的体积等效和截面等效的方法获得当量直径，将物块等效为球形，并且引入了空心率的概念用于表征物块形状参数对流场中受力的影响因子，这样用当量直径和空心率将复杂形状物块简化成球体，使计算方便，并且可以推广到各种形状的块石和沙包中. 拟合试验数据得到了决定轨迹方程系数的拖曳力系数 C_D 和 C_L 与空心率 η 的关系.

本文所述动力学模型，与小型试验结果吻合效果比较好，拟合相关系数接近于 1. 当实际溃坝流场进行重力相似准则转化后，可以通过本模型进行抛投物块的运动轨迹预测，使封堵用的重物落水后能够沉底到并保持在预想的位置，尽可能减少无效投放，具有准确、经费省、风险小、时间短、易重复、条件可以改变等优点. 当然，模型忽略了摩擦力和其他与阻力形式不一样的流场力影响，将所有力集中于质心和当量简化，没有考虑翻转造成的阻力系数变化，需要再进一步完善.

参考文献

［1］陈文义，张伟. 流体力学［M］. 天津：天津大学出版社，2004.

［2］郑洽馀，鲁钟琪. 流体力学［M］. 北京：机械工业出版社，1980.

［3］毛伟. 块体水平拖曳力相互影响试验研究［D］. 南京：河海大学，2006.

［4］肖焕雄，唐晓阳. 江河截流中混合粒径群体抛投石块稳定性研究［J］. 水利学报，1994.

［5］韩世娜. 空心块体水流拖曳力的试验研究［D］. 南京：河海大学，2007.

［6］水利水电科学研究院. 水工模型试验［M］. 北京：水利电力出版社，1984.

附录（略）

参考文献

[1] 姜启源, 谢金星, 叶俊 . 数学模型[M]. 5 版 . 北京：高等教育出版社, 2018.

[2] 米尔斯切特 . 数学建模方法与分析(原书第 4 版)[M]. 刘来福, 黄海洋, 杨淳, 译 . 北京：机械工业出版社, 2015.

[3] 卓金武, 王鸿钧 . MATLAB 数学建模方法与实践[M]. 3 版 . 北京：北京航空航天大学出版社, 2018.

[4] 韩中庚 . 数学建模方法及其应用[M]. 3 版 . 北京：高等教育出版社, 2017.

[5] 余胜威 . MATLAB 数学建模经典案例实战[M]. 北京：清华大学出版社, 2014.

[6] 赵静, 但琦, 严尚安等 . 数学建模与数学实验[M]. 5 版 . 北京：高等教育出版社, 2020.

[7] 杨维忠, 陈胜可, 刘荣 . SPSS 统计分析从入门到精通[M]. 4 版 . 北京：清华大学出版社, 2018.